# 지상전투의 최강자

# M1 Abrams

# 머리말

"요즘 전쟁에 전차가 왜 필요해요?" 필자는 이런 질문을 자주 받는다.

분명히 전차는 공격 헬리콥터의 공격에 취약하다. 공격 헬리콥터는 전천후로 적을 발견할 수 있는 고성능의 센서를 장착하고, 대전차 미사일로 전차를 일격에 파괴할 수 있다. 그러나 공격 헬리콥터는 공격 후 폭발에 휘쓸릴 위험이 있는 데다, 적군과 아군이 뒤엉킨 상황에서는 운용하기 어렵다. 또한, 체공시간의 한계 때문에 전투 현장에 무한정 머무를 수 없고, 일정 시간이 지나면 기지 또는 전진 거점까지 돌아가 정비와 보급지원을 받아야 한다.

그리고 공격 헬리콥터는 전차처럼 장갑이 튼튼한 것도 아니기 때문에 대구경 기관포나 휴대용 대공 미사일에 격추되거나 전투불능에 빠질 수도 있고 수리하는 데 시간과 비용이 많이 소요된다. 게다가 공격 헬리콥터는 최신형 전차와 비교할 때 2배 이상 비싸다.

그러면 대구경포나 대전차 미사일을 장착한 장갑차로 전차를 대신할 수 있을까? 그렇지 않다. 장갑차의 화력은 전차 이외의 차량이나 보병의 작전을 보조하는 데 그친다. 장갑차는 '전차에 대항'할 수는 있지만, '운 나쁘게 전차와 만나도 일방적으로 당하지는 않는 정도'일 뿐이다. 전차와 장갑차는 명중도와 위력 면에서 차이가 매우 크다. 장갑차의 장갑은 소구경 기관총에 견딜 수 있는 정도일 뿐이므로, 공격전투 제일선에 내세우기는 어렵다.

즉, 지상전에서 적극적인 공격작전을 펼치기 위해서는 전차가 꼭 필요하다. 실제로 1991년의 걸프 전쟁이나 2003년의 이라크 전쟁에, 미군은 공격 헬리콥터와 장갑차를 수백 대 투입했었지만, 더 많은 'M1 에이브람스(Abrams)' 전차를 투입했다.

전차도 '로켓 추진 유탄(rocket propelled grenade, RPG)이나 대전차 미사일에 맞으면 쉽게 파괴되지 않나?' 하고 생각하는 사람도 있다. 분명히 RPG는 1,500~3,000달러로 매우 저렴한 데다, 전차의 측면이나 후면을 관통할 수 있을 만큼 위력이 큰 무기다.

그러나 RPG는 명중도가 낮다. 사정거리는 900m 정도이지만 실제로는 80m 거리에서 공격해야 효과적이다. 게다가 전차의 취약 부분을 정확히 맞혀야 겨우 파괴할 수 있다. 여러 발을 쏘아야 1대를 파괴할 수 있다. 또한, 발사할 때 연기가 많이 발생하므로 사수의 위치가 쉽게 발각된다. '들키지 않도록 매복했다가 단 한 번에 공격해서 파괴하는 것'이 모든 전술의 기본이다. 이런 점에서 RPG는 적극적인 공격작전을 펼칠 때는 사용하기 힘들다고 할 수 있다.

한편, 대전차 미사일은 사정거리와 명중도 면에서 RPG보다 훨씬 뛰어나다. 하지만 소형 휴대형조차 1만 달러를 넘어가는 고가다. 또한, 시야가 좋지 않은 경우에는 사용할 수 없으므로 매복해서 공격하기에는 불리하다. 나무가 울창하거나 잡초가 많은 환경에서는 운용하기 힘들다. 나무와 잡초로 인해 유도 와이어가 얽히기도 하고, 레이저 광선이나 전파가 차단되기도 하기 때문이다.

마지막으로 일본의 사정을 생각해보자. 일각에서는 '적이 일본에 상륙해서 침공하기 시작한다면 이미 전차를 사용할 수 있는 상황이 아닐 것이다. 따라서 일본은 전차를 보유할 필요가 없다.'라고 주장하는 사람도 있다. 그러나 일본이 전차를 보유한다면 적은 상륙하기 전에 전차에 대항할 만한 중장갑을 수송선에 실어야 하고, 그만큼 수송선단의 규모를 키워야 한다. 당연히 호위하는 함정과 항공기도 늘어날 테고 상륙부대도 편성되어야 하는 만큼 작전 규모가 엄청나게 커진다. 이처럼 전차는 적의 일본 상륙을 억제하는 역할을 한다. 일본 같은 섬나라에 전차를 배치하는 이유는 한마디로 '전쟁 억제력'을 갖기 위해서다. 전차는 오늘날에도 전쟁에서 승리하는 데 필수적인 무기라고 할 수 있다.

이 책에서는 지상 최강의 전차라고 할 수 있는 'M1 에이브람스'를 중심으로 설명한다. 그리고 전후 3~3.5세대 전차의 기술과 운용에 관해서도 다룬다. '지상의 왕자, 전차'의 최신 정보를 마음껏 즐겨주시기 바란다.

2009년 8월

부스지마 도야

# 차례

## 제1장 전차란 무엇인가?



## 제2장 M1 에이브람스의 무장

# 제 1 장

# 전차란 무엇인가?

전차는 '지상의 왕자'라고 부른다. 그중에서도 M1을 가장 강력한 전차라고 자타가 인정한다.
이 장에서는 전차의 개념부터 M1 에이브람스가 개발된 경위까지 설명한다.
또한, 실전에 배치된 후의 발전 과정도 살펴보기로 한다.

미국 육군 제3군단 제1기병사단의 M1A1. 새로 제작한 전차를 사우디아라비아로 보내기 전에 실사격 시험을 하고 있다. 걸프 전쟁 발발 직전에 촬영했다. (사진 제공 : 미국 공군)

전차의 기본 구조
※ 사진은 M1A1 에이브람스
큐폴라(cupola)
전차의 포탑 윗부분에 있는 원통형 돌기물을 가리킨다. 투시창에 방탄유리가 달린 형태도 있고, 잠망경으로 밖을 엿보는 형태도 있다.
연막탄 발사기
연막을 뿌려 자신을 위장하는 장치다.
포탑
포가 달린 회전체이다. 차체 위에 놓여 있다. 높은 위치에 있으므로 피탄될 확률이 높다. 앞면의 장갑을 두껍고 견고하게 만든다.
버슬(bustle)
버슬은 원래 '엉덩이 라인을 부풀려 아름답게 보이기 위해 허리에 대는 물건'이라는 뜻이다. 전차에서는 포탑 뒷부분의 부풀어 오른 부분을 가리킨다.
기동바퀴
무한궤도를 구동하는 바퀴이며, 가장 앞쪽이나 뒤쪽에 달려 있다. 기어박스나 조향 장치에서 샤프트를 거쳐 구동된다.
회전바퀴
기동바퀴와 유도바퀴 사이에 있다. 차체의 중량을 분산시키고, 무한궤도를 지탱한다.

동축 기관총
주포의 기부에 달린 기관총이다. 주포를 사용하기에는 목표가 가까울 때, 또는 훈련할 때 주포 대신 사용한다.
방순
주포 기부를 방호하기 위한 장갑이다.
배연기
포신에 달려 있으며, 포탄 발사 시 발생하는 화약 연소 가스가 차내에 유입되지 않도록 하는 장치다.
주포
전차의 주무기이다. 포신의 길이는 구경의 배수로 나타낸다. 예를 들어, '44구경 120mm 포'라는 것은 포신의 길이가 구경의 44배이고 구경은 120mm라는 뜻이다. 따라서 포신의 길이는 구경 120mm×44 =5,280mm가 된다.
서멀 슬리브(thermal sleeve)
포신피관, 서멀 재킷, 차열 커버라고도 부른다. 포신 주위를 덮어 포신의 온도를 일정하게 유지하고, 열에 의한 포신의 변형을 방지하여, 명중 정밀도를 높인다.
DYSFUNCTIONAL
유도바퀴
기동바퀴와 반대 위치에 있다. 무한궤도의 회전을 유도하는 역할을 한다. 동력을 제공하지는 않는다.
무한궤도
캐터필러, 크롤러라고도 부른다. 넓은 접지 면적으로 전차의 중량을 분산시켜, 전차가 지면에 빠지지 않도록 한다.
차체
포탑을 제외한 부분을 가리킨다.
(사진 제공 : 미국 육군)

# 전차의 개념 ❶
## – 주행

전차(戰車, Tank)를 한마디로 표현하면, 적극적 공격작전에 사용하는 장갑 전투 차량이라고 정의할 수 있다. 주행하면서 공격과 방어를 하는 데도 능하다. 주행하면서 발휘하는 세 가지 능력으로 전차를 정의한다.

**부정지 주파 능력** 진창, 모래 등 부정지(不整地: 지면이 고르지 못한 지역)를 주행하는 능력이다. 지면에 빠지지 않고 달릴 수 있도록 접지압을 낮추기 위해 무한궤도를 장착한다. 부정지에서 기동력을 잃지 않는 접지압은 1kgf/cm$^2$ 이하인데, 전차는 0.8~1.2kgf/cm$^2$의 접지압을 유지한다. M1 에이브람스의 경우, 105mm 포를 장착한 M1이 0.921kgf/cm$^2$이고, 120mm 포를 장착한 M1A1이 0.970kgf/cm$^2$이며, 최신 M1A2가 1.083kgf/cm$^2$이다.

**장애물 극복 능력** 장애물이 되는 수로나 참호(塹壕)를 건너는 능력이다. M1은 1.07m의 턱, 2.74m의 참호를 건널 수 있다.

**경사 극복 능력** 전후좌우로 경사진 곳에서 안정적으로 주행하며 사격할 수 있는 능력이다. M1은 60%(약 31도)의 종단 경사를 6.6km/h로 오를 수 있고, 40%(약 22도)의 횡단 경사지에서 활동할 수 있다. 무거운 전차가 안정적으로 행동하기 위해서는 접지 면적이 넓은 무한궤도가 필수다.

**가속력** 차폐물로 도주하거나 매복하다가 튀어나가는 등, 공격과 방이를 위해서는 가속 성능이 중요하다. M1A2는 구동 계통이 손상되지 않는 최대 속도가 67.6km/h이고, 정지 상태에서 32.2km/h로 가속하는 데 7.2초가 걸린다. 약 70톤인 차량 무게를 생각하면 놀라운 성능이다.

바퀴 차량의 접지압
**타이어는 접지 면적이 좁기 때문에 접지압이 높다.**

타이어의 접지 면적
(검은 부분)

무한궤도 장갑차의 접지압
**무한궤도는 접지 면적이 넓기 때문에 접지압이 낮다.**

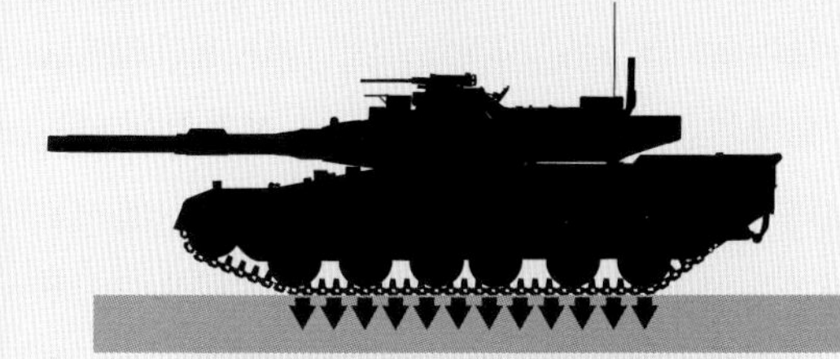

무한궤도의 접지 면적
(검은 부분)

전차의 부정지 주파 능력이 높은 이유는 접지압이 낮기 때문이다. 접지압이 높으면 부드러운 지면에 빠진다. 최신 M1A2의 접지압이 1.083 kgf/cm$^2$이고, 승용차가 1.5~2.5 kgf/cm$^2$이며, 트럭이 2.5~7.0 kgf/cm$^2$이므로 전차의 접지압이 얼마나 낮은지 잘 알 수 있다. 키 180 cm의 성인 남성이 똑바로 서서 정지한 상태의 발바닥 접지압은 0.562 kgf/cm$^2$이다.

경사도(비탈)는 %로 나타낸다. 예를 들어 60%는 100 m 전진하면 60 m 오르는 경사를 나타낸다. 이때 경사면의 각도는 약 31도다.
(사진 제공 : 미국 육군)

# 전차의 개념 ❷
## – 공격

**장갑 관통력** 장갑을 관통하는 힘이다. 전차포는 두꺼운 장갑을 관통하고자 하기 때문에 포탄을 빠른 초속도로 쏘아야 한다. 그래서 높은 초속도를 얻을 수 있는 긴 포신의 직사포(Gun)를 사용한다. 물론 반동을 받아들일 수 있는 차체 중량과 구조(서스펜션 등)는 필수다. M1A2가 M829A3 철갑탄을 쏘는 경우, 포구 에너지는 11.7MJ이어서 충격은 30톤을 넘는다.

**명중 정밀도** 제2차 세계대전 이전에는 교전 거리가 약 700m 정도였으므로 육안으로 직접 조준했다. 이제는 주포의 구경을 키우고 초속도를 높여서 교전 거리를 3,000m로 신장했다. 그래서 전차포는 2축 일괄 제어 방식의 스태빌라이저(stabilizer)로 안정화하고 조준 장치도 정밀화했다. 또한, 포 데이터(열에 의한 포신의 변형, 온도 변화, 발사 시의 포신 반동, 마모, 경사)와 환경 데이터(바람, 기온, 기압, 장약 온도, 차량 속도)를 자동 계산하여 사격통제장치의 발사 데이터를 산출한다.

2,000m 앞의 정지 표적에 대한 초탄 명중정밀도가 제2차 세계대전 때는 3% 정도였지만, 1980년대(전후 2세대 전차)는 약 25%, M1을 포함한 전후 3세대 전차는 약 90%로 크게 향상되었다.

**발사 속도** 발사 속도는 탄약수의 숙련도, 탄약의 중량 및 구성 등의 요인에 좌우된다. 대구경 포탄은 19~24kg으로, 사람이 다룰 수 있는 중량의 한계에 가깝다. 차내가 좁은 소련제 전차나 체구가 작은 일본인이 운용하는 90식 전차는 자동장전장치를 설치했다. M1은 수동 장전식으로 분당 6발, 숙련된 탄약수는 최대 12발을 쏠 수 있다.

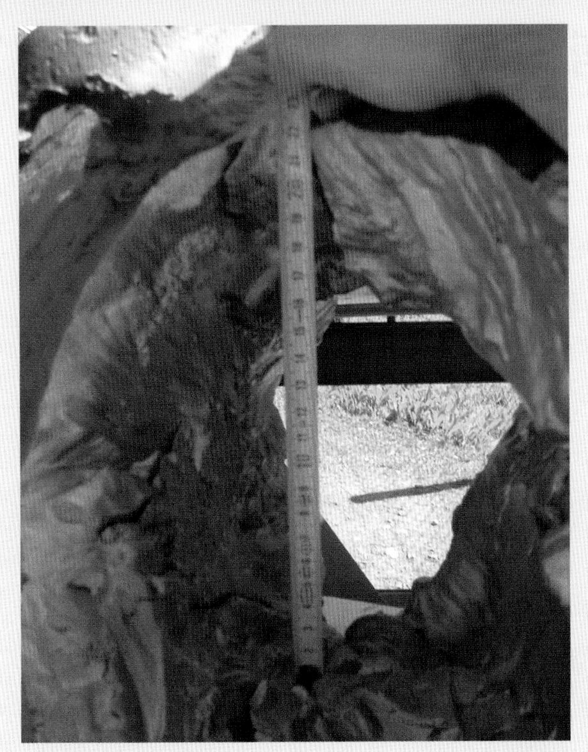

100mm 철갑탄이 T-54 전차의 포탑 전면의 관통 구멍. T-54의 장갑은 203mm이지만, 포탑은 주조물이기 때문에 균질 압연강판보다 강도가 10~20% 약하다.

프랑스의 장륜 장갑차 AMX-10RC. 105mm 포를 장착했는데, 타이어가 변형되기 쉬워 안정성이 높지 않아 캐터필러식 전차보다 사격 정밀도가 떨어진다. (사진 제공 : NATO)

# 전차의 개념 ❸
## – 방어

**장갑 방어력** 전차는 자주포나 장갑차보다는 큰 방어력을 지닌다. 특히 피탄될 확률이 매우 높은 포탑 전면은, 전후 3세대 전차는 종래의 철강재에 강도, 인성, 내열성이 뛰어난 파인세라믹이나 중금속을 조합한 복합 장갑을 사용하여 직격탄에 견딜 수 있게 제작한다. M1A2는 차량 중량(약 70톤)의 51%가 장갑이다. 그리고 새로운 M1A2 SEP의 포탑 전면 장갑은 약 320mm이지만, 균질 압연강판으로 환산하면 운동 에너지탄에 대해서는 940~960mm에 상당하는 방어력을, 화학 에너지탄에 대해서는 1,320~1,620mm에 상당하는 방어력을 지닌다.

**생존성** 전차는 장갑이 두꺼운데, 장갑이 관통되는 경우에도 승무원의 피해를 최소화하는 구조를 갖춘다. 내부 장갑은 아라미드 섬유 등을 사용한 섬유 강화 플라스틱제(fiber reinfored plastic, FRP)로, 장갑 내면에서 떨어지는 파편(박리 파편)을 막거나 파편의 비산 각도를 줄인다. 유폭을 막기 위해 대부분의 탄약은 포탑 뒷부분의 버슬(bustle: 부풀어 오른 부분) 안에 둔다. 버슬 안의 탄약고에는 자동 소화 장치를 설치하였고 장약에 불이 붙으면 압력을 윗부분(블로오프 패널: blowoff panel)으로 내뿜게끔 설계되어 있다. 이는 승무원 구획에 치명적인 손상을 주지 않으려는 구조다.

**NBC 방호** 핵이나 생화학 무기가 사용된 환경에서도 전투 임무를 수행할 수 있는 능력이다. 승무원실로 들이는 공기를 필터로 거르는 장치, 실내 기압을 높여서 외부 공기가 들어오지 않도록 하는 조치, 승무원이 방호복을 착용하는 방법 등이 일반적인 방어책이다.

## 전형적인 복합 장갑의 구조도

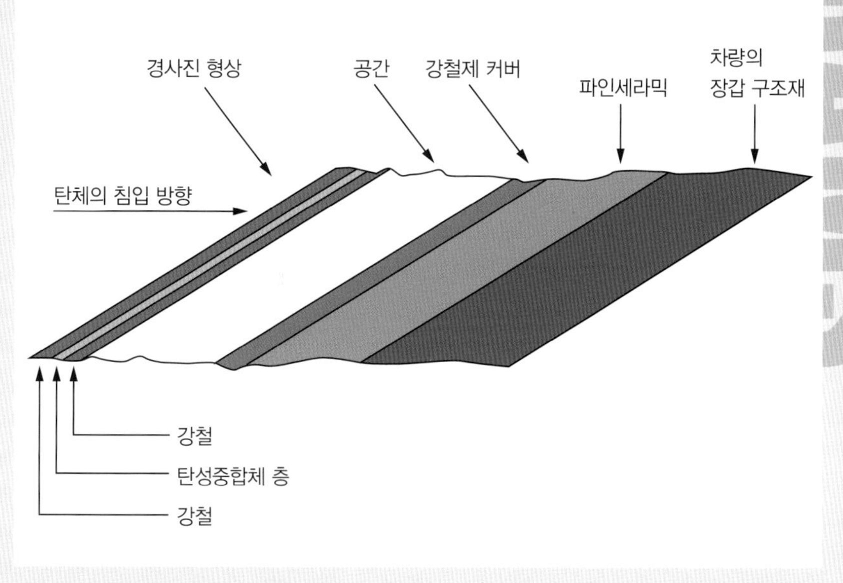


복합 장갑의 개념. 강철의 장갑 위에 세라믹 장갑(파인세라믹)을 붙인 단순한 형태다. '탄성중합체 층'은 일반적인 고무라고 생각하면 된다.

# M1 에이브람스의 개발 경위 ❶
## – 공동개발계획이 틀어져서 좌절된 MBT–70

미국은 제2차 세계대전 직후에 M60 패튼(Patton)을 실용화했고, 1960년대에는 차기 주력 전차를 모색하기 시작했다. 그때 마침 서독도 레오파르트 1(Leopard 1)의 뒤를 이을 전차를 개발할 계획이었다. 그래서 당시 미국 국방장관 로버트 맥나마라(Robert McNamara)는 개발비를 아끼기 위해(1963년 8월 1일) 서독과 공동개발협정을 체결하고 1970년대의 주력 전차 **MBT–70**을 개발하기로 했다.

MBT–70은 1,500마력의 디젤 엔진에 자동변속기를 조합하고, 자동장전장치를 채택했다. 그리고 차체 높이와 자세뿐만 아니라 노면 상황에 따라서도 바퀴를 위아래로 움직이는 유기압 액티브 서스펜션을 도입하기로 했다. 중공 장갑, 포탑 내에 있으면서도 차체 방향을 향하는 요동식 조종석, 고정밀도 사격통제장치, 야간암시장치 등을 적용했고, 경합금을 많이 사용하는 등 수많은 새로운 기술을 도입한 매우 선진적인 설계였다.

그러나 엔진과 서스펜션을 미국과 서독에서 각기 제작하기로 했고, 주포의 선택 과정도 의견의 일치를 보지 못했다. 미국은 대전차 미사일을 발사할 수 있는 152mm 건 런처(포강발사장치)를 원했지만, 서독은 120mm 활강포를 강력하게 요구했다.

결국, 각각 독자적으로 제작하게 되었다. 공동개발은 이름만 남았고, 개발 비용은 오르기만 했다. 최종적으로 차량 가격이 100만 달러(현재의 가격으로 566만 5,000달러에 해당)를 넘게 되자, 1969년 말에 서독이 계획에서 이탈했고, 미국은 간소화해서 개발을 계속했다.

## MBT-70

(사진 제공 : 미국 육군)

**생산국** : 미국/독일
**승무원** : 3명
**중량** : 50.0t
**길이** : 9.10m
**너비** : 3.51m

**높이** : 3.29m
**무장** : 152mm 건 런처×1, 20mm 기관포×1, 7.62mm 기관총×1
**장갑** : 불명
**최대 속도** : 65km/h

시레일러(Shillelagh) 대전차 미사일을 발사하는 MBT-70. 미국은 미사일과 포탄을 쏠 수 있는 152mm 건 런처의 장착을 추진했지만, 높은 비용과 잦은 고장으로 포기했다. (사진 제공 : 미국 국방부)

# M1 에이브람스의 개발 경위 ❷
## – M1 에이브람스의 뿌리가 된 XM1

서독이 MBT-70의 개발 계획에서 이탈한 후, 미국은 비용을 축약한 간소형 **XM803**을 개발하기로 했다. 유기압 서스펜션을 없애고 장갑 소재를 통상적인 고장력강으로 바꿔서 비용을 61만 1,000달러로 35% 절감했다. 그러나 고장이 끊이지 않아 비용 상승의 요인이 되었던 152mm 건 런처, 자동장전장치, 요동식 조종석을 적용한 포탑, 가변 압축 기구를 적용한 공랭식 디젤 엔진은 그대로 두었다.

결국 M60A1 전차(33만 9,000달러)의 1.8배로 결정되었다. 결국 MBT-70 계획은 의회의 승인을 받지 못해 1971년 11월에 파기되었다.

소련의 T-62, T-64 전차 이후 M60으로는 대항할 수 없는 T-72의 등장이 코앞으로 다가오자, 미국 육군은 1972년 2월에 주력 전차 개발을 위한 태스크포스(task force)를 다시 구성했다. 이 태스크포스는 새로운 전차에 필요한 능력을 책정하는 한편, 2,000만 달러로 두 형태의 시제차를 개발하겠다는 계획을 세웠다. 그리고 1972년 9월에 크라이슬러 방위사업부와 제너럴 모터스 디트로이트 디젤 앨리슨 사업부가 개념 설계 계약을 체결하고, XM815라는 이름으로 본격적인 개발에 착수했다. **XM815**는 얼마 지나지 않아 무기체계 명명 시스템(무기체계 분류 방법)이 바뀌면서 **XM1**으로 개명되었다.

크라이슬러는 M60A1 전차를 토대로 새로운 기술을 접목하는 방법으로, 제너럴 모터스는 XM803의 경험을 토대로 신규 개발하는 방법으로 개발하기 시작했다.

## XM803

(사진 제공 : 미국 국방부)

**생산국** : 미국
**승무원** : 3명
**중량** : 51.71t
**길이** : 9.39m
**너비** : 3.70m
**높이** : 3.24m
**무장** : 152mm 건 런처×1, 12.7mm 기관총×1, 7.62mm 기관총×1
**장갑** : 불명
**최대 속도** : 64.3km/h

## XM1(크라이슬러)

(사진 제공 : 크라이슬러)

크라이슬러의 XM1. 영국의 복합 장갑 '초밤'을 적용하기 전이며, 포탑 형상이 M1과 크게 다르다.

## XM1(제너럴 모터스)

(사진 제공 : 제너럴 모터스)

제너럴 모터스 XM1의 콘셉트 모델. 105mm 포를 주포로, 포탑은 중공 장갑을 위해 직립평면으로 구성했다. 그 왼쪽에는 25mm 기관포를 장착했다.

# M1 에이브람스 개발 경위 ❸
## – 차기 주력 전차는 크라이슬러 안으로 결정

1973년 6월 말, 크라이슬러는 6,900만 달러, 제너럴 모터스는 8,797만 달러로 시험평가모델의 제작 계약을 체결했다. 계약조건은 다음과 같다.

- 모든 면에서 M60 전차의 성능을 상회할 것
- 정비성 · 가동률 · 내구성을 향상할 것
- 3,300대를 생산하고, 1대당 제작비용이 50만 7,790달러를 넘지 않을 것
- 시험평가용 모델을 1대, 차량 시험 장치를 1대, 탄도 시험을 위한 차체와 포탑을 각 1대 제작할 것

1973년은 전차의 역사에서 매우 중요한 해였다. 7월 초에 영국에서 개발된 복합 장갑, 이른바 초밤(CHOBAM, ceramics hybrid outer-shelled blow up act-on materials: 세라믹스 복합 외장에 의한 폭발 반응 재질)의 기술 정보가 알려진 것이다. 10월에 제4차 중동 전쟁이 일어나서, 대전차 미사일과 소련 전차의 정보를 얻을 수 있었다. 이들 정보를 취합해서 1976년 1월 말에 시제차를 미국 육군에 인도했다. 크라이슬러는 가스 터빈 엔진을 장착했고 제너럴 모터스는 MBT-70을 계승한 디젤 엔진을 장착했다. 9월에는 두 회사에 120mm 활강포를 운용할 수 있도록 만들라고 지시했다.

그리고 1976년 11월에 크라이슬러 안을 채택한다고 발표했다. 또한, 서독의 레오파르트 2 AV와도 경쟁했지만 최종적으로는 크라이슬러의 XM1이 미국 육군의 차기 주력 전차로 선택되었다. 그 후 각종 시험평가를 통해 1981년에 **M1 에이브람스**라는 이름으로 정식 채택하였다.

## XM1 크라이슬러 안

생산국 : 미국
승무원 : 4명
중량 : 52.62t
길이 : 9.84m
너비 : 3.56m

높이 : 2.84m
무장 : 105mm 포×1, 12.7mm 기관총×2,
7.62mm 기관총×1
장갑 : 복합 장갑
최대 속도 : 75.6km/h

(사진 제공 : 갈릴레오출판)

## XM1 제너럴 모터스 안

생산국 : 미국
승무원 : 4명
중량 : 51.71t
길이 : 9.70m
너비 : 3.64m

높이 : 2.87m
무장 : 105mm 포×1, 12.7mm 기관총×2,
7.62mm 기관총×1
장갑 : 복합 장갑
최대 속도 : 77.2km/h

(사진 제공 : 갈릴레오출판)

# M1 에이브람스의 변천
## – 복잡해진 전투 현장에 맞춰 점차 발전

1981년에 정식 채택된 크라이슬러 M1 에이브람스는 그 후로도 점점 발전했다.

**M1** 초기 생산 형상이다. M256 120mm 활강포의 개발이 늦어져서 M60 전차에서 사용하던 M68A1 105mm 강선포를 장착했다. 복합 장갑은 영국에서 개발한 초밤을 개량해서 장착했다. 2,374대를 생산했다.

**IP–M1** IP는 improve performance(능력 향상)의 약자다. 방어력을 강화한 개량형이라고 할 수 있다. 더욱 튼튼해진 복합 장갑을 장착했다. 증가한 중량에 맞춰 서스펜션을 강화하고 변속기 기어비를 변경해서 노상 최고 속도는 72.4km/h에서 66.8km/h로 낮아졌다. 894대를 생산했다.

**M1A1** 주포를 M256 120mm 활강포로 바꿔서 화력을 증강한 형태다. 변속기의 기어비, 서스펜션 토션 바(torsion bar)의 지름, 쇼크 앱소버의 용량, 중량 배분 등을 개량해서 경량화했다. 그리고 바퀴를 개선해서 진동을 줄이는 등 설계도면의 10%를 바꿨다. 또한, NBC(nuclear, biological and chemical: 화생방) 대책으로서 여압식 장치도 장착했다. 4,796대를 생산했다.

**M1A1 HA/HA+/HC** HA는 heavy armor(중장갑)의 약자다. 포탑 전면과 차체 전면부의 장갑에 열화우라늄(DU) 합금 장갑을 봉입했다. 1988년~1990년 사이에 A1 1,328대를 개조했다. 그리고 장갑을 강화한 것이 HA+인데, 1990년~1993년 사이에 834대 개조했다. 이에 준해서 잠수도하 능력과 부식대책을 개선하여 해병대 사양 HC를 만들었다. heavy common(중장갑 공용화)의 외견은 통상적인 M1A1 에이브람스와 차이가

## M1

초밤을 채용함으로써 포탑 주변의 형상이 XM1과 완전히 달라졌다. 1985년 1월까지 생산되었다. 한편, 제작사인 크라이슬러 방위사업부는 1982년 2월에 제너럴 다이내믹스에 매각되어 제너럴 다이내믹스 랜드 시스템스로 이름이 바뀌었다. (사진 제공 : 크라이슬러)

## M1A1

1985년 8월부터 배치된 M1A1, 120mm 포를 장착했다. 주포의 배연기가 굵어졌다. (사진 제공 : GDLS)

없지만, 포탑의 오른쪽 면 아래 구석에 표기된 시리얼 넘버의 말미에 우라늄을 의미하는 'U'가 새겨져 있다.

**M1A1 D** D는 digital의 약자다. M1A1에 디지털 확장 패키지를 적용한 형이다. 고가의 M1A2를 보완하는 염가 개조형으로, 합동작전을 수행할 수 있도록 디지털 정보 통신 데이터 링크 시스템인 포스 21 여단급 이하 전투지휘체계(force 21 battle command brigade, FBCB2)를 설치하여, 상급 부대의 정보를 각 차량에서 공유할 수 있다.

**M1A1 SA/ED** 장갑 확장 패키지로 장갑을 강화했다. 후방 카메라나 원격 조작식 열영상 장치로 주변 상황 인식 능력을 높였다. M1A1의 현대화 개조형이라고 할 수 있다. 그 외에 외부에서 엄호하는 보병과 통화할 수 있는 차외 전화를 장착했고, 엔진도 현대화하였다.

**M1A2** 네트워크에 의한 전투현장 정보관리 시스템을 도입한 개량형이다. 3.5세대 전차로 발전했다. 차량 간 정보 시스템(in vehicle information system, IVIS), 전차장용 열영상 장치(commander's independent thermal viewer, CITV), 자기 위치 측정/항법 장치(position/navigation, POS/NAV)를 장착하였다. 62대를 신규 생산한 후, M1A1형 1,112대를 개조하였다.

**M1A2 SEP** M1A1에 시스템 확장 패키지(system enhancement package)를 적용한 형태다. 기본적으로 M1A2에 준하지만, 전차장용 시현장치를 컬러로 바꾸고 차량 간 정보 시스템에 FBCB2를 장착하는 등, 차량 전자 장치(vetronics)를 M1A2 이상으로 강화하였다.

## M1A1 SA/ED

개발 중인 M1A1의 개조형 SA(situational awareness: 상황 인식)이다. 외형상 A1과 거의 차이가 없지만, 원격 조작식 열영상 장치가 장착되었다.

(사진 제공 : 미국 육군)

## M1A2

세계 최초로 3.5세대 전차가 된 M1A2. 신규 제작비용은 435만 달러다. (사진 제공 : 갈릴레오출판)

M1 에이브람스 각 부위의 명칭
[M1A2 SEP]
전차장용 열영상 장치(CITV)
전차장 전용 조준 잠망경이다. 포수용과 동일한 기능을 지니며, 좌우로 360도 돈다.
M240 7.62mm 동축 기관총
소염 튜브 속에 있다.
M250 연막탄 발사기
발사기 1대에 6발 수용한다(사진에서는 커버가 씌워져 있다).
전차장용 해치
외부를 보기 위한 투시창이 6개 달려 있다.
포수용 열영상 주 조준 장치 (GPTTS-LOS)
열영상 장치, 아이 세이프 레이저 거리 측정기, 2축 안정 사이트로 구성된다.
장갑
포탑 전면의 장갑이 가장 튼튼하다.
사이드 쉴드
주행할 때 피어오르는 흙먼지를 억제한다. 무한궤도가 벗겨지는 것을 방지하는 효과도 있다.

[M1A1]

**보조 동력 장치(APU)**
5.6kW의 디젤 엔진. 정차했을 때의 발전용이다.

**횡풍 센서**
탄도에 영향을 주는 편류를 파악해서, 그 데이터를 탄도 계산기에 보낸다.

**M2HB 12.7mm 기관총**
전차장용 해치에 달린 총가에 회전식으로 장착한다.

**M240 7.62mm 기관총**
포탑 왼쪽의 탄약수 해치 앞에 있다. 탄약수가 조작한다.

(사진 제공 : 미국 육군)

**AGT-1500 가스 터빈 엔진 &×1100 변속기**
엔진은 축류식 저압 5단, 고압 4단, 원심식 1단의 터보 샤프트다. 변속기는 토크 컨버터식 자동변속기다.

**전투 식별 패널(CIP)**
열영상 장치를 통해 볼 때 적군과 아군을 식별하는 데 사용한다.

**포구 조합 센서**
포신의 변형을 감지하여 탄도 계산기에 보낸다.

**동축 기관총 조준기**

**M256 120mm 활강포**
포신의 바깥 둘레에는 열에 의한 변형을 억제하는 서멀 슬리브가 덮여 있다.

**조종수용 해치**

(사진 제공 : GDLS)

# M1은 몇 명이 조작하는가?
## – 4명이 조작하는 전통적인 형태

제2차 세계대전 때에는 지휘하면서 주변 경계를 담당하는 전차장, 조종을 담당하는 조종수, 주포를 조작하는 포수, 포탄을 넣는 탄약수, 전방 기관총과 무전기를 담당하는 무전수 등 5명의 승무원이 필요하다고 여겨졌다. 오늘날은 전방 기관총수를 없애고 무전기를 소형화하여, 전차장이 무전수를 겸임할 수 있게 되었다. 그러므로 승무원은 4명으로 표준화되었고, M1 에이브람스도 이에 따른다. 다만, 자동장전장치를 채용하면서부터(일본의 90식 전차나 프랑스의 르클레르의 경우) 3명으로 운용하는 전차도 나왔다. 자동장전장치는 자국의 교리(教理, doctrine)에 의거하여 장단점을 따져 채용 여부를 결정한다. 수동으로 장전하는 방식은 다음과 같은 장점이 있다.

- 기습이나 예기치 못한 전투 상황에서는 처음 1분 동안 기선을 제압해야 하기 때문에 발사율이 중요하다. 그런데 숙련된 탄약수는 첫 3발을 자동장전장치보다 2배 빠른 속도로 장전할 수 있다.
- 야전정비, 응급수리, 주위경계를 할 때는 인원이 많아야 좋다.
- 승무원 중 일부가 부상을 당해서 전투를 수행하지 못해도, 그를 대체할 요원을 확보할 수 있다.

자동장전장치는 다음과 같은 장점이 있다.

- 기계는 지치지 않기 때문에 안정된 발사율을 유지할 수 있다.
- 인건비를 줄일 수 있다.
- 무거운 포탄을 다루는 일을 꺼려해서 전차요원을 자원하는 병사가 적다.

다만, 차세대 전차에 장착하게 될 140mm 포는 인력으로 다룰 수 있는 중량을 초과하기 때문에 자동장전을 전제로 연구하고 있다.

## M1 에이브람스의 승무원 배치

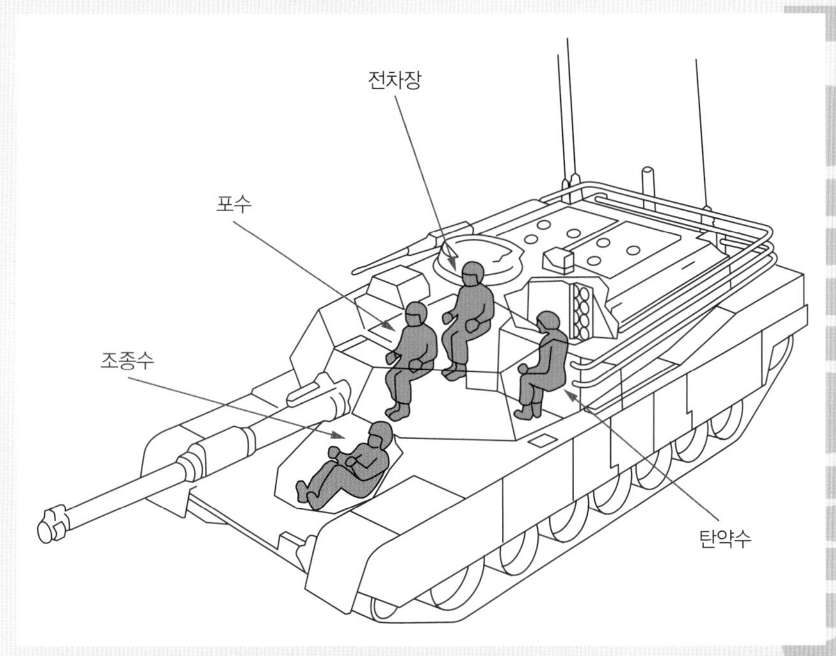

호주 육군의 M1A1 AIM을 활용하여 무한궤도 수리 훈련을 하고 있다. (사진 제공 : 호주 국방부)

# M1 에이브람스의 가격은?
## – 최신형을 신차로 구입하면?

가격은 매번 변하지만, M1/M1A1이 대략 235만~430만 달러, 신규 생산하는 M1A2가 435만~560만 달러다. 또한, 기존의 M1A1을 M1A2로 개조하는 경우에는 360만~387만 달러, 마찬가지로 기존의 M1A1을 M1A2 SEP로 개조하는 경우에는 560만~670만 달러다.

'취득 가능한 주력 전차'를 목표로 1대당 507,790달러(1972년 당시)를 넘지 않는다는 조건으로 개발을 시작한 것을 생각하면 매우 고가의 전차가 되었다. 하지만 닉슨 쇼크(1971년 8월) 이후의 인플레이션을 고려하면 어쩔 수 없는 면도 있다. 총 1만 대가 생산된 전차이므로, 양산 효과에 의해 다른 3세대 또는 3.5세대 전차보다는 단가가 낮은 편이다.

수백 대 생산으로 그친 프랑스의 르클레르는 9억 7,000만 엔, 일본의 90식 전차는 7억 5,000만 엔, 영국의 챌린저 2는 11억 4,000만 엔이나 된다.

그리고 기존의 차량을 개조하는 경우, M1A1을 M1A1D로 개조하는 디지털 확장 패키지는 10~24만 달러, 시가전 생존성 향상 키트(tank urban survival kit, TUSK)는 15만 달러다. 하지만 이 가격도 발주 연도나 적용하는 개조 키트의 조합에 따라 변한다.

그리고 이 가격은 미군의 조달가격일 뿐이다. 호주는 중고 M1A1을 현대화한 M1A1 AIM 59대를 5억 5,000만 달러에 구입했다. 1대당 932만 달러인 셈이다. 또한, 사우디아라비아는 M1A2를 정비와 훈련을 패키지로 포함하여 대당 40억 엔에 구입했다. 40억 엔 중에서 차량 가격은 15억 엔에 불과하다. 마찬가지로 3,000대 이상 양산해서 단가를 낮춘 레오파르트 2도 스페인의 A6E가 1,200만 달러, 영국의 A6HEL이

1,100만 달러다. 즉, 수입국의 입장에 따라 가격이 결정되는 셈이다. 그리고 구식이 되기 전에는 가격이 저렴해지는 법이 없다.

또한, 개조하기 전에 약 5억 엔이었던 3세대 전차였더라도 데이터 링크를 장착해서 3.5세대 전차가 되는 순간 가격이 뛰어오른다.

러시아의 3세대 전차 T-90은 223만 달러로 매우 저렴하지만, 개조하기 전에는 2세대 전차인 T-72였기 때문에 M1과 동일 선상에서 비교할 수 없다.

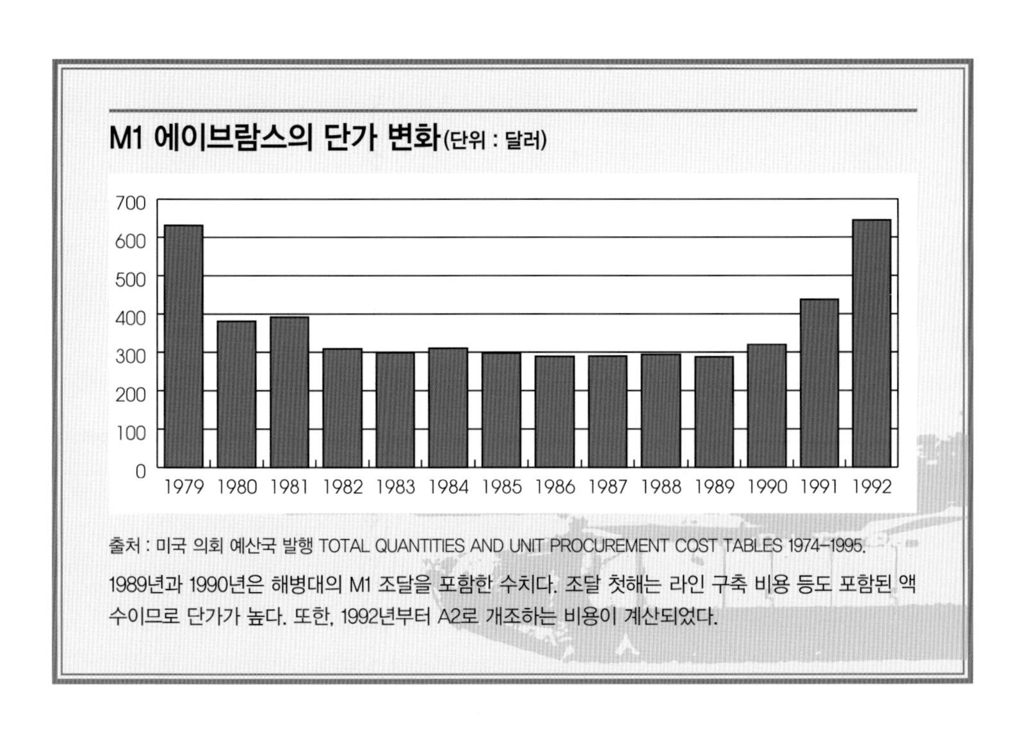


**M1 에이브람스의 단가 변화**(단위 : 달러)

출처 : 미국 의회 예산국 발행 TOTAL QUANTITIES AND UNIT PROCUREMENT COST TABLES 1974-1995.

1989년과 1990년은 해병대의 M1 조달을 포함한 수치다. 조달 첫해는 라인 구축 비용 등도 포함된 액수이므로 단가가 높다. 또한, 1992년부터 A2로 개조하는 비용이 계산되었다.

# M1 에이브람스의 해외 활용

## – 중동과 호주에서도 사용한다

연료를 대량으로 소비하는 가스 터빈 엔진을 채택했기 때문인지 M1 에이브람스는 미군만의 전유물이었다. 1988년에 이르러서야 이집트가 M1A1 555대를 도입하기로 미국과 합의했다. 그때 부품의 35%를 이집트제로 조달하기로 해서 1992년부터 조립하기 시작했다. M1A2도 250대를 더 도입해서 총 1,005대의 M1을 보유하게 되었다. 이집트의 M1은 미군의 M1과 외견상 큰 차이는 없지만, M1A1 HA/HA+의 열화우라늄 장갑은 장착하지 않았다. 또한, 모든 M1A1을 M1A2에 버금가게 개조하였다.

이집트는 미국으로부터 무상 공여받은 것이므로 M1의 위력을 제대로 평가해서 구입했다고는 할 수 없다.

걸프 전쟁(1991년)을 계기로 중동에서 M1을 채택하는 국가가 늘어났다.

사우디아라비아가 1993년부터 M1A2 315대를 도입했다. **미국 육군보다 빨리 M1A2를 도입했다.** 2006년 M1A2 58대를 더 도입하고, 기존의 M1A2를 현대화 개조하는 개조작업도 실시하기로 합의했다. 이 현대화에는 미군과는 다른 무선기를 사용하는 차량 간 정보 시스템(IVIS)을 사용했다. 개조한 전차를 M1A2S라 부른다.

이어서 쿠웨이트가 이라크의 침공으로 전멸한 육군의 재건을 위해 M1A2를 선택했다. 1994년부터 인수하기 시작해서 현재까지 218대를 배치했다.

호주는 2005년 11월에 레오파르트 1(독일제 2세대 전차)의 후속으로 M1A1을 개조한 M1A1 AIM 59대를 발주해서 2006년 2월부터 인수했다. AIM은 Abrams integrated management(에이브람스 일괄 관리)의 약자로, 미군의 현대화 개조를 총칭하는 말이다. AIM은 사우디아라비아의 M1A2S를 개조할 때도 적용되었다. 호주의 경우 전자 장비를 크게 개조했다. 한때 미국 해병대의 M1A1이 장착하던 GPS 수신 안테나를 포탑 오른쪽 면의 가장자리로 옮기기도 했다.

그리고 2008년, M1 에이브람스의 위력을 누구보다도 잘 아는 이라크가 육군 재건을 위한 장비품 도입 계획을 추진하면서 M1A1 140대를 도입하기로 결정했다. 이라크의 M1A1은 중고이지만 현대화 개조를 실시한 M1A1M이며, 2010년 가을에 인도할 예정이었다.

호주 육군의 M1A1 AIM. 중고이지만, AIM 개조로 차량을 재생 · 보수해서 신품과 거의 동일한 사양을 갖췄다. (사진 제공 : 호주 국방부)

# M1 에이브람스의 파생형
## – 여러 가지 형상으로 변화되었다

**그리즐리 장갑 공병차** M1의 차체섀시에 도저, 버킷 등의 장비를 장착한 공병 차량이다. 지뢰나 장애물을 제거하기 위한 공병 작업 차량이다. 366대를 생산하기로 계획했지만 2001년에 개발이 중단되었다.

**M104 울버린 HAB** HAB는 heavy assault bridge(중강습교량)의 약자다. M1 전차 차체에 접이식 다리를 장착한 교량 전차다. 5분 안에 26m의 교량을 전개할 수 있다. 지름 24m, 70t의 중량물이 16km/h로 통과할 수 있다. 44대가 개조되었다.

**M1 팬서 II 지뢰 처리차** 포탑을 없애고 지뢰를 제거할 때 사용하는 롤러 또는 틸러를 앞쪽에 장착했다. 통상적으로 이동할 때는 조종수와 전차장이 조작하고, 지뢰 처리 작업을 할 때는 800m 떨어진 곳에서 원격으로 조작한다. 한 시간에 4,645m²의 지뢰밭을 처리할 수 있다.

**M1 ABV** ABV는 assault breacher vehicle(강습 돌파 차량)의 약자다. 차체 앞부분에 지뢰지대제거용 쟁기(full width mine ploughs, FWMP)라고 불리는 너비 4.5m의 거대한 갈퀴를 장착해서 깊이 30cm까지의 지뢰를 제거한다. 차체 앞쪽 양 옆면에 지뢰 제거 작업을 완료한 후 안전 표시 막대기를 박는 장치를 장착했다. 윗면에 M2 12.7mm 기관총 1정과, 뒷부분에 Mk.155 도폭색(지뢰지대계층용 사슬형태의 폭약) 발사기 2대를 설치했다. 도폭색으로 길이 100m, 너비 16m의 통로를 만들고 FWMP로 그 통로를 뒤집어엎은 후, 중기관총으로 지뢰를 폭파하면서 전진한다.

## M104 울버린 HAB

(사진 제공 : 미국 육군)

## M1 ABV

(사진 제공 : 미국 해병대)

COLUMN 1

# 스트라이커 여단

미국 육군은 전투 기본 단위를 사단에서 세 종류의 여단으로 새로 편성했다.

① 전차, 장갑차 등의 중장비를 지니며, 타격력이 뛰어난 중여단

② 경장비로 단시간에 전개할 수 있는 보병 여단

③ 중간에 해당하는 스트라이커 여단

①과 ②는 이전부터 존재했지만, 어느 정도 강력한 무력으로 신속히 대응해야 하는 지역 분쟁이 늘어나자 그 중간에 해당하는 전투단이 필요해졌다. 그래서 96시간 이내에 전 세계로 전개할 수 있는 전력으로서 스트라이커 여단급 전투단을 구상했다. 그 이름에서 알 수 있듯이 스트라이커 장갑차와 그 파생형을 중심으로 한 전력이다. 장갑차는 수송기로 일정한 대수를 수송할 수 있도록 중량을 20t 이하로 억제한다. 그리고 타격력의 부족은 전투 현장 정보 네트워크로 보완한다. 타격력 부족을 더욱 보완하기 위해 스트라이커 장갑차의 후속 차량인 유인 지상 차량(manned ground vehicle, MGV)도 개발 중이었지만, 2009년 국방 예산 재검토로 인해 개발 계획은 중단되었다.

스트라이커 여단의 기본 장비인 M1126 보병 전투차.

(사진 제공 : 미국 국방부)

**생산국** : 미국
**승무원** : 2명/수송 인원 : 9명
**중량** : 16.47 t
**길이** : 6.95m
**너비** : 2.27m
**높이** : 2.64m
**무장** : 12.7mm 기관총, 7.62mm 기관총, 40mm 유탄 발사기
**장갑** : 불명
**최대 속도** : 100km/h

제 2 장

# M1 에이브람스의 무장

전차의 가장 중요한 무장은 전차의 상징이라고도 할 수 있는 긴 포신의 주포다. 포탄을 쏘는 원리는 중세 시대부터 큰 변화가 없지만, 포신과 포탄은 매우 많이 바뀌었다. 포탑 내의 요원들은 일치단결해서 포탄을 빠르고 정확하게 쏘기 위해 온 힘을 기울인다. 이 장에서는 주포와, 주포를 지지하는 포탑에 관해 설명한다.

120mm 주포를 발사하는 M1A1. (사진 제공 : 미국 해병대)

# 주포의 구조 ❶
## – 주포의 기본 구조

M1 에이브람스는 A1 이후 M256 44구경 120mm 활강포를 채택했다.

**약실**(cartridge chamber) 포탄을 밀어내는 화약이 연소하는 부분이다. 매우 튼튼하게 만들어야 한다. M256 약실의 무게는 684kg이다.

**포미 폐쇄기**(breechblock) 포의 뒤쪽 끝에 달린 마개다. 연소 가스가 새어나가지 않도록 밀폐하는 장치이다. 줄여서 폐쇄기라고 한다.

**포이**(trunnion) 포를 지지하고, 발포의 충격을 받는 부분이다. 포신을 위아래로 조정할 때 축이 되기도 한다.

**강선**(rifling) 포구를 향해 나사 모양으로 파인 홈이다. 포탄에 회전력을 주어 명중률을 높인다. 서방측 2세대 전차포 M68 105mm 포의 경우, 28개의 홈이 1,890mm 나아가는 사이에 시계방향으로(포미에서 봤을 때) 한 번 돌도록 파여 있다. 한편, 홈이 없는 포를 활강포라고 한다. 활강포는 회전을 주지 않는 만큼 명중률이 떨어질 수 있지만, 포탄의 초속(비행 속도)을 크게 할 수 있어서 사거리를 길게 할 수 있고 포신의 수명이 길다. 또한 포탄의 안정성은 안정핀(fin)을 사용하여 보완한다(익지류).

**구경**(caliber) ① 탄이 나아가는 포신의 안지름을 가리킨다. 강선이 파여 있는 경우에는 마루와 골을 잇는 지름을 가리킨다. 포의 위력은 구경의 세제곱에 비례한다. 예를 들어 125mm 포와 120mm 포를 비교하면, 구경은 5mm밖에 차이 나지 않지만 위력은 약 13% 크다.

**구경**(caliber length) ② 약실 뒤쪽 끝에서 포구까지의 길이(포신 길이)를 가리키며, 구경의 배수로 나타낸다. 44구경 120mm 포는 포신의 길이가 120mm×44=5,280mm가 된다.(역자주: '구경장'이라고 통용한다.)

## 주포의 구조

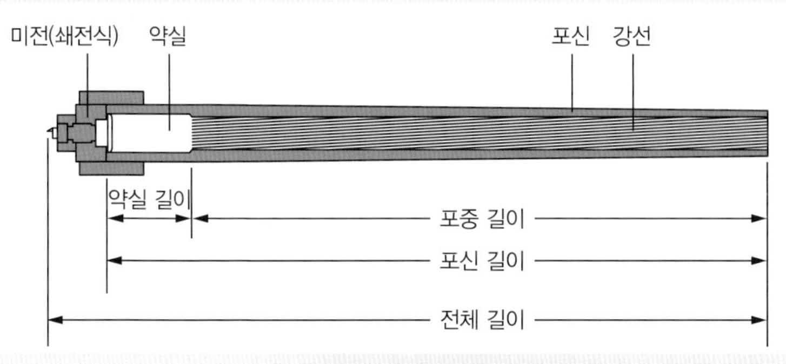


## 강선의 구조

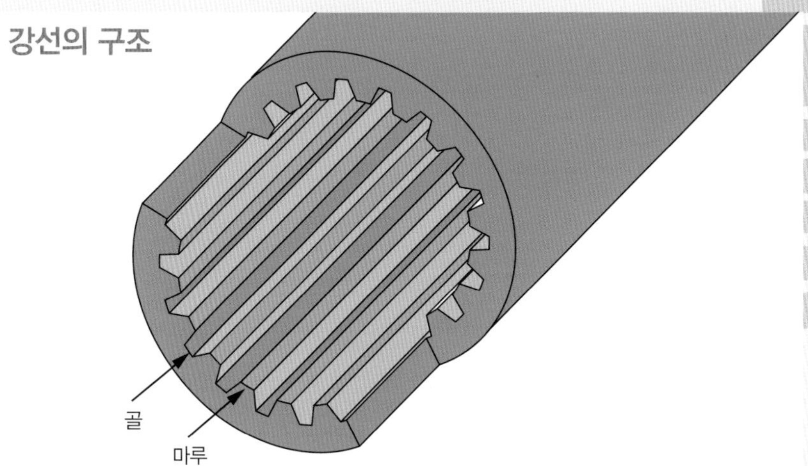


총탄은 구경보다 약간 크게 만들어서 강선에 맞물려 회전시킨다. 반면에 포탄은 구경보다 약간 작게 만든다. 포탄의 몸통부에 탄대(고리 모양의 띠)로 회전을 돕는다. 탄대는 연소 가스가 새어나가지 않도록 하는 마개 역할도 한다.

## 44구경 120mm 포인 경우

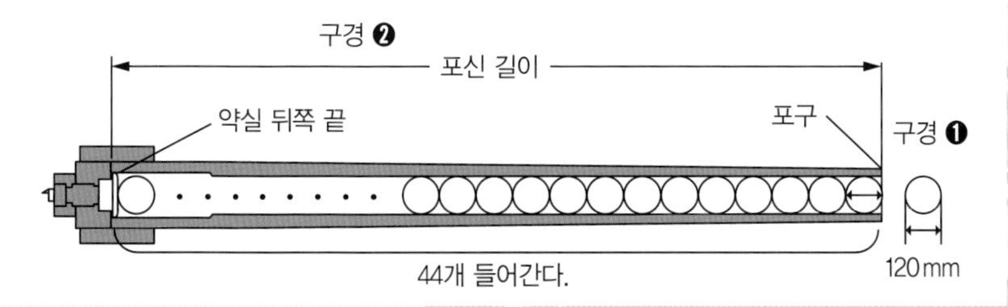

# 주포의 구조 ❷
## – 포탄은 어떻게 발사하는가?

포탄은 미전과 탄피로 뒤쪽 끝이 밀폐된다. 장약에 불을 붙이면 연소 가스의 압력에 의해 포탄(사출탄)이 가속되면서 포구로 밀려나간다. 장약의 연소는 너무 빨라도 안 되고 너무 느려도 안 된다. 너무 빠르면 압력이 급격하게 높아지므로 약실 부근을 튼튼하게 만들어야 할 뿐 아니라, 포탄이 포구에서 나올 때 압력이 급격히 떨어져서 포탄의 가속을 방해한다. 반대로 연소 속도가 너무 느리면 포탄이 포신 내에서 압력 에너지를 충분히 받지 못해 필요한 초속도를 얻을 수 없다.

그러므로 가속 과정에 맞춰 연소 속도를 조정하거나 소염 · 소열 · 안정화를 하기 위한 니트로셀룰로오스 등의 성분을 장약에 첨가한다. 연소 시 발생하는 에너지의 약 30%가 포탄의 가속에 사용되고, 나머지는 열이나 마찰로 소비된다. 포신이 길면 포탄이 가속을 위해 에너지를 받아들이는 시간이 늘어나므로 포구에서 나올 때의 초속도도 빨라진다.

예를 들어, 레오파르트 2 A6의 라인메탈 Rh120 120mm 포의 경우, 약실 사이즈는 동일하지만 포신을 44구경에서 55구경으로 늘린 결과, 초속도는 1,750m/s로 빨라졌고 포 위력은 7% 향상됐다. 다만, 탄도의 안정성과 사격관제장치의 정밀도에는 악영향을 끼쳤다.

생성되는 연소 가스는 수소나 메탄가스 외에 유독한 일산화탄소와 이산화황도 포함하므로, 연소 가스가 승무실 내에 들어오지 않도록 배연기에 축적된 가스로 연소 가스를 포구로 내보낸다. 배연기 속의 연소 가스는 서멀 슬리브(thermal sleeve) 안으로 흘러들어 포신이 변형되지 않도록 온도 분포를 일정하게 만드는 역할도 한다.

## 포탄이 발사되는 과정

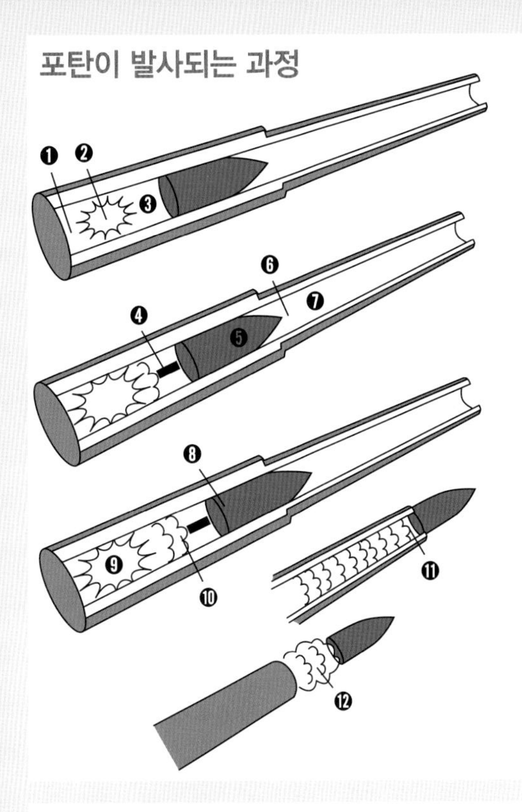

❶ 약실 내의 장약에 점화
❷ 연소하면서 가스를 생성
❸ 실내 압력과 온도가 급격히 상승
❹ 포압이 더욱 상승
❺ 포탄이 움직이기 시작함
❻ 포탄의 중량에 의한 관성과 마찰이 저항으로 작용함
❼ 강선에 탄대가 맞물려 포탄이 회전하기 시작
❽ 포탄이 전진함으로써 약실 부피가 넓어지고, 연소 가스의 압력이 순간적으로 내려감
❾ 장약의 연소가 가속되어 포압은 급격히 상승하기 시작함
❿ 포탄이 3~4구경만큼 전진했을 때 최대 포압점에 도달함
⓫ 포탄이 포구에서 나올 때의 포구압은 최대 포압의 10~30%
⓬ 포탄이 어느 정도 포구를 벗어날 때까지 연소 가스의 압력을 받아 약간 더 가속됨

## 발사할 때의 속도, 온도, 포압의 관계

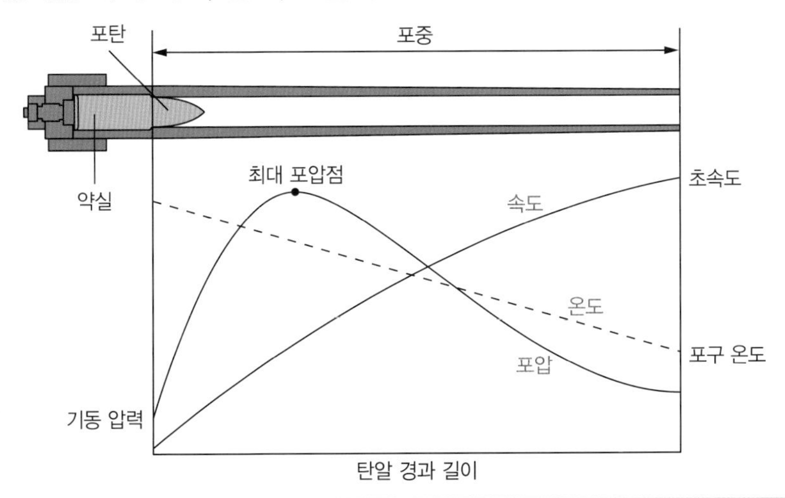

# M256 44구경 120mm 활강포
## – M1 에이브람스의 주포

M1 에이브람스의 주포 M256 44구경 120mm 활강포는 독일 라인메탈사의 Rh120을 뉴욕 주 워터블리트 육군 공창(工廠)에서 라이선스 생산하였다. 북대서양조약기구(NATO)의 통일 규격인 NATO STANG 4385를 토대로 해서 약실 사이즈 120×570mm의 포탄을 쏠 수 있다. 장약이 완전히 타버리는 것을 전제로 한 설계여서, 뜨거워진 약협(탄피)이 차내로 배출될 위험성을 없애고, 좁고 복잡한 차내에 약협이 쌓일 우려도 덜 수 있다.

포신은 수명을 늘리기 위해 크롬제 라이너를 부착해서 400~500발을 쏠 수 있다. 그러나 최근의 장약은 침식이 심해서 포신 수명을 평균 260발로 감소시켰다. 50발 쏠 때마다 포신을 교환해야 하는 경우도 있다. 그리고, 포신을 덮는 서멀 슬리브는 FRP(fiber reinforced plastic: 섬유 강화 플라스틱)이다.

포수가 전기신호를 보내면 전기 뇌관에 점화되어, 포탄은 약 5m의 포신 안을 1/100초 미만의 시간에 빠져나간다. 가속도는 26,000G이며, 대전차 철갑탄은 마하 5에 가까운 1,569~1,680m/s의 속도로, 트럭이나 경장갑 차량을 노리는 다목적 성형작약탄은 1,140~1,410m/s의 속도로 발사된다.

날개안정철갑탄의 최대 사정거리는 30km 가까이 되지만, 전차포의 통상적인 유효 사정거리는 3,000m나. 레이저 거리 측정기나 사격관제 장치의 정밀도가 높다면 사정거리는 최대 8,000m로 늘어난다. 실험적으로 포신을 늘려 55구경으로 만든 M256E1도 개발되었다.

## M256 44구경 120mm 활강포

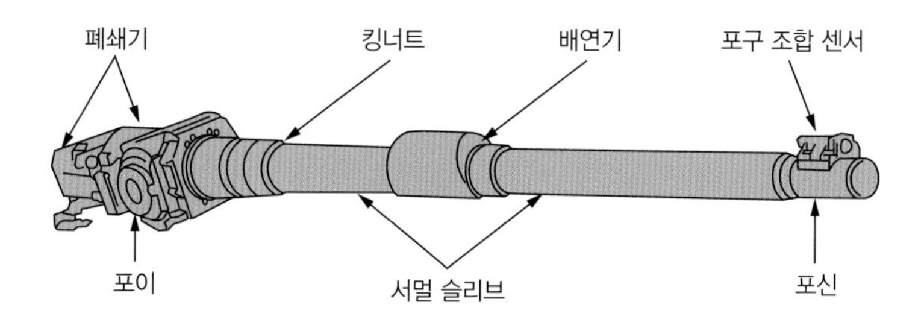


**원설계** : 독일 라인메탈 AG
**약실 길이** : 597mm
**포중 길이** : 4,716mm
**포신 길이** : 5,300mm
**폐쇄기 깊이** : 293mm
**길이** : 5,593mm
**구경** : 120mm
**약실 부피** : 10.98L
**포신 중량** : 1,175kg

**총 중량** : 1,905kg
**폐쇄기** : 반자동 수직 쇄전식
**강선** : 없음
**격발 장치** : 전기식
**최대 포압** : 630MPa(6,217.6기압)
**최대 발사 속도** : 6발/분
**포신 수명** : 400~500발
**최대 사정거리** : 29,300m (XM827 APFSDS-T 사출 시)

M256의 발사 시험 장면

(사진 제공 : 미국 육군)

# 주포의 발사
## – 포탄 발사 과정

예전의 전차는 포수가 표적까지의 거리, 표적의 속도, 바람의 세기 등을 짐작해서 사격했다. 2세대 전차는 거리와 각도를 산출하기 위한 광학기기와 아날로그 계산기를 도입해서 손쉽고 신속한 발사를 꾀했다. 하지만 포수의 기술과 실력에 의존하는 방식은 그다지 바뀌지 않았다. 그런데 3세대 전차는 각종 센서와 사격관제장치 덕분에 훨씬 간단하게 사격할 수 있게 되었다.

포수가 조준기로 목표를 포착하면, 각종 센서가 변수들을 파악하고 사격관제장치에서 복잡한 계산을 거친 후 자동으로 명중 방향을 향해 포가 움직인다. 그리고 포수가 발사 장치를 누르면 사격관제장치가 타이밍을 계산해서 발사한다.

즉, 포수가 발사 장치를 누르면 사격통제장치의 '안전장치'가 제거되며 포탄이 발사되기 때문에, 발사 장치를 누르는 순간과 발사되는 순간 사이에 시간차가 생긴다. 아무리 기다려도 사격통제장치에서 적당하다고 판단되는 '발사 위치'에 목표가 들어오지 않으면, 좀처럼 발사할 수 없는 경우도 있다. 그러나 현재 이 시간차는 매우 미미하다. 물론 사격통제장치가 고장 났을 때를 대비해 직접 조준해서 발사하는 기능도 갖춰져 있다. 이 경우, 축척으로 거리를 추정해서 입력할 수 있다.

발사음은 어마어마하다. 탄의 종류에 따라서는 치명상을 입을 만큼 커다란 파편이 날아다니기도 하므로, 보병 교범에는 전차 외부에 접근 금지 구역을 정해놓았다. 전차 내부에서는 귀마개를 쓰고 있어도 발사음이 크게 들리고, 충격에 의한 흔들림도 크다.

주포를 발사할 때는 엄청난 폭풍이 일어난다. (사진 제공 : 미국 육군)

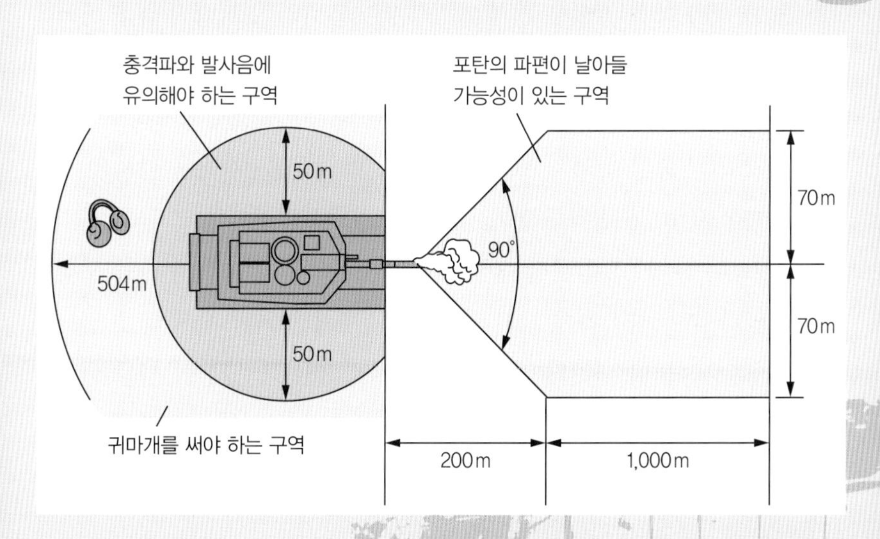

# 사격통제장치
## – 정밀사격을 현실화한 필살 시스템

사격통제장치는 3세대 전차의 특징적인 장비다. 2세대 전차의 후기부터 사격통제장치를 사용하기 시작했지만, 3세대 전차는 90% 이상의 초탄 명중률을 보장하는 사통장비를 갖춰서 2세대 전차와 급이 다른 정밀도를 지닌다고 할 수 있다.

전차포는 다양한 요인에 의해 탄도가 흐트러질 수 있다. 예를 들어, 기압이 낮거나 기온이 높으면 대기 밀도가 낮아지므로 공기 저항이 작아지고 포탄의 감속률도 작아져서 포탄은 목표보다 멀리 날아간다. 몇 발 발사해서 포신이 열에 의해 확장되면 포강이 넓어지고 초속도가 줄어들어서 포탄은 목표에 못미칠 수도 있다.

M1 에이브람스의 사격통제장치는 포수가 탄의 종류, 장약의 온도, 포신의 수명, 포신의 변형 등의 보정값과 대기압을 입력하면 각종 센서에서 포착하는 대기 온도, 풍속과 풍향, 차체의 좌우 경사, 적과 자신의 운동 데이터를 종합계산해서, 가장 좋은 방향과 타이밍을 산출한다. 그 결과, 초탄 명중률이 95% 이상이 되었고, 날개안정철갑탄은 1km의 사거리에서 20cm 내에 착탄하는 정밀도로 명중시킨다.

M1A2는 사격통제장치를 바꾸지 않았지만 센서나 항법 장치 등 주변기기를 바꿔서, 사격에 필요한 정보의 정밀도를 높임으로써 교전 능력을 향상했다. 또한, 사격통제장치 내에 자기진단 프로그램을 설치해서 정비성도 높였다. M1A2 SEP는 사격통제장치 메모리 용량을 확대하고 프로세서의 처리 능력을 높였다. 이로써 네트워크화에 의해 증대하는 정보량에 대응할 수 있게 되었다.

## 사격통제장치를 구성하는 요소

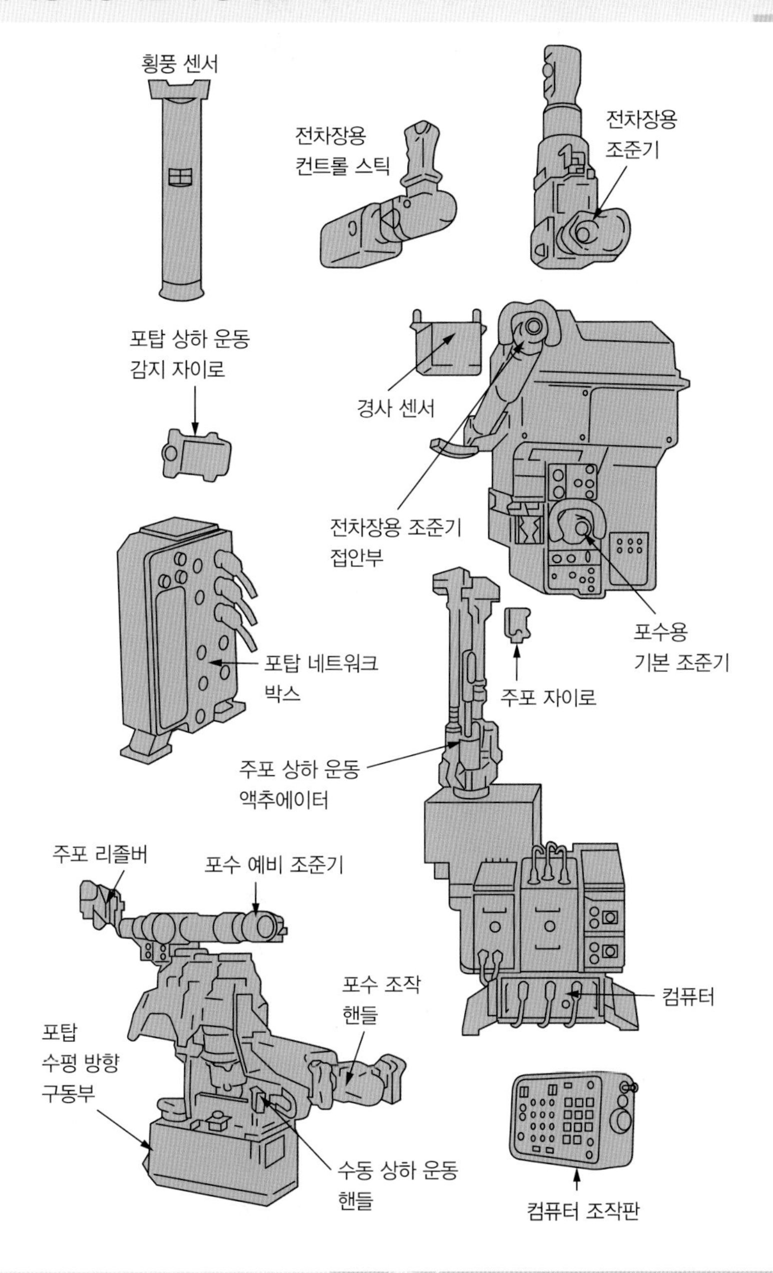

# 장갑 관통의 원리 ❶
## – 날개안정철갑탄(APFSDS)

탄두를 폭발하게 하지 않고 포탄의 운동 에너지만으로 장갑을 관통하는 포탄을 철갑탄(API)이라고 하며, 운동 에너지탄으로 분류한다. 여기에서는 3세대 전차에서 주로 쓰이는 날개안정철갑탄(armor piercing fin stabilized discarding sabot, APFSDS)을 설명하겠다.

포탄은 120mm 포나 125mm 포에서 약 1,700m/s로 발사되는데, 포구에서 나온 직후에 탄통이 벗겨져 구경보다 훨씬 가늘고 긴 날개가 달린 탄심이 나타난다. 탄심은 관통체(penetrater)라고 하며, 텅스텐과 열화우라늄 등 비중이 큰 중금속을 합금해서 만든다. 포탄의 운동 에너지는 대부분 이 무거운 탄심에 실려 목표에 충돌한다.

1,200m/s 이상으로 충돌하면 대단히 큰 압력으로 장갑을 돌파한다. 탄심은 장갑 안으로 나아가다가 사라지거나, 속도가 줄어들어 위고니오 탄성한계(Hugoniot elastic limit: 위고니오 탄성한계를 넘어서면 고체는 소성변형을 시작해서 유체처럼 변한다. 강철은 1.2GPa, 텅스텐은 3.8GPa, 세라믹은 12~20GPa가 한계압력이다)를 밑돌면 멈춘다. 장갑을 관통한 경우에는 나머지 운동 에너지에 의해 차내 이곳저곳을 비산하므로 안에 타고 있는 승무원은 생존할 수 없게 된다.

매우 높은 압력으로 충돌하므로 탄심과 장갑판 사이의 마찰력은 무한대가 되며, 피탄경화를 노린 경사 장갑은 거의 무의미해진다. 또한, 이 상태에서 회전을 주면 탄심이 끊어질 수 있으므로 포탄에 회전을 주지 않는 활강포가 APFSDS를 발사하는 데 적합하다.

탄통이 떨어지는 순간

(사진 제공 : 미국 육군)

철갑탄이 관통하는 과정

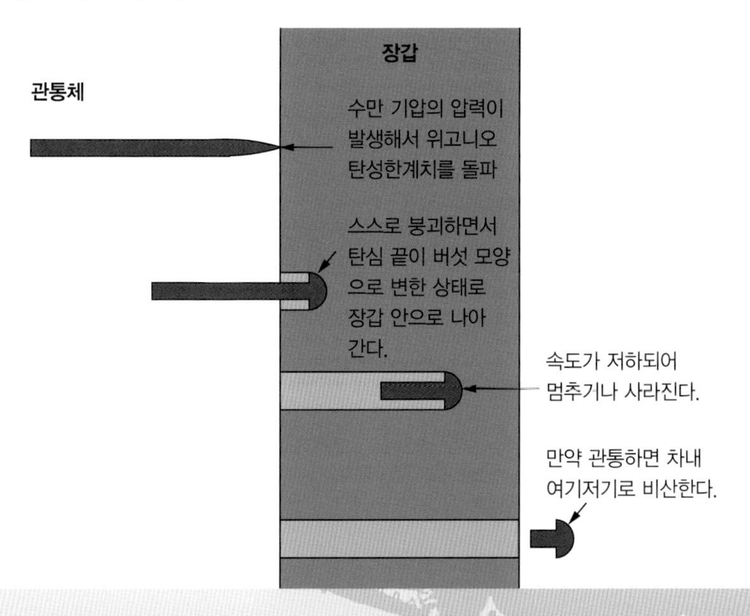

# 장갑 관통의 원리 ❷
## – 성형작약탄(HEAT)

성형작약탄(high explosive anti-tank, HEAT)은 대전차 무기로 자주 사용되며, 탄체 안에 있는 작약이 폭발하는 에너지를 사용해서 장갑을 관통하므로 화학 에너지탄으로 분류한다.

성형작약탄은 말 그대로 작약의 앞쪽을 절구처럼 움푹 들어간 원뿔 모양으로 성형해서, 그 안쪽에 금속 라이너를 부착한 것이다. 작약이 폭발하면 먼로 효과(Monroe effect: 노이만 효과라고도 함)에 의해 용해된 라이너가 원뿔의 중심을 향해 바늘 모양으로 모여 메탈 제트를 형성한다. 이것이 7,000~8,000m/h의 속도로 장갑에 꽂힌다. 앞서 설명한 장탄통 부착 날개안정철갑탄의 관통체와 마찬가지로, 메탈 제트도 위고니오 탄성한계를 넘어서는 압력을 가함으로써 장갑을 액체처럼 뚫는다. 관통한 후에는 그 구멍으로 메탈 제트가 되지 못한 용해 라이너(슬러그)와 폭풍이 차내에 빨려 들어가 큰 피해를 입힌다.

메탈 제트는 장갑에서 적절한 거리를 두어야 잘 형성되고 관통력도 좋아진다. 이 적절한 거리를 스탠드오프(stand-off)라고 부른다. 스탠드오프는 라이너 지름의 1~3배가 적절하다. 이 거리를 확보하기 위해 기폭을 위한 신관을 성형작약의 연장선상에 놓는다. 다만, 스탠드오프가 흐트러질 수 있기 때문에, 여러 성형작약을 직렬로 두는 탠덤 탄두도 있다. 메탈 제트의 형성은 탄속의 영향을 받지 않기 때문에 초속도가 높지 않아도 되므로, 대전차 미사일이나 대전차 로켓탄에 자주 활용된다. 탄체가 회전하면 원심력에 의해 메탈 제트의 형성이 방해될 수 있으므로 포에서 발사하는 경우에는 회전을 주지 않는 활강포가 적합하다.

## 성형작약탄(HEAT)의 구조

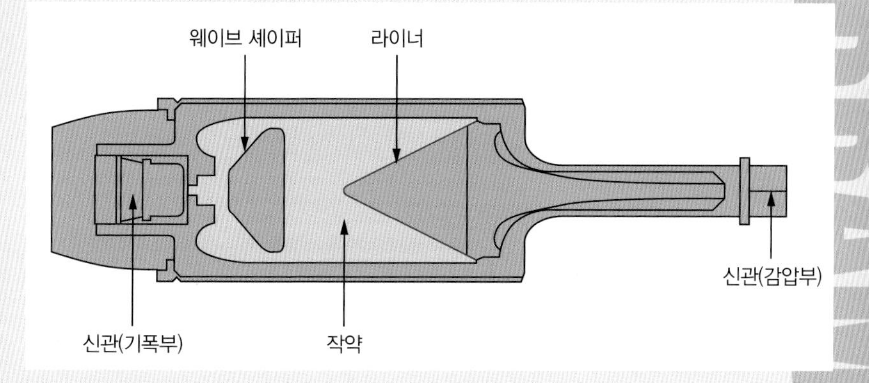


## 성형작약탄이 관통하는 과정

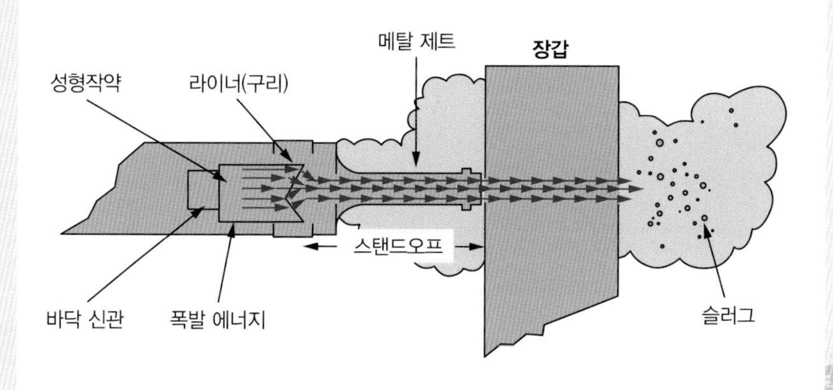

# M829 APFSDS
## – 최강의 날개안정철갑탄

미군의 날개안정철갑탄(APFSDS)이다. 걸프 전쟁(1991년)에서 이라크군의 T-72 전차를 효과적으로 격파했기 때문에 승무원으로부터 은탄환(silver bullet: 서양 전설에서 늑대인간이나 악마 등을 격퇴할 때 쓰는 무기)이라고 불렸다. 관통체의 두께와 길이에 변화를 주면서 M829/A1/A2/A3로 진보했다.

서독제 철갑탄 DM33을 토대로 해서 관통체를 텅스텐 합금에서 열화우라늄으로 바꾸었다. 이 합금은 열화우라늄을 주체로 소량의 몰리브덴과 티타늄을 섞어서 고온에서 굳힌 것이다. 이 합금을 사용하면 끝부분이 뾰족해지면서 관통하는 '자기 첨예화 현상'이 일어나므로 텅스텐 합금보다 10~20% 높은 관통력을 나타낸다. 그리고 관통한 후에는 마찰에 의해 관통체로부터 생겨난 가루가 발화하므로 소이(燒夷) 효과도 있다. 관통력은 2,000m 거리에서 균질 압연강판에 정면으로 쏘았을 때, M829A1이 540mm, M829A2가 570mm, M829A3이 680mm로 향상되었다.

열화우라늄은 원자로의 연소봉을 만드는 과정에서 나오는 폐기물인데, 텅스텐보다 값이 싸다. 연소봉을 만들 때의 부산물이므로 산지가 한정된 텅스텐보다 안정적으로 공급할 수 있다. 하지만 가공성이 나쁜데다 절삭할 때 나오는 분진을 처리하는 비용도 들기 때문에, 결코 싸다고만은 할 수 없다.

이 포탄의 약협은 화약의 연소와 함께 타서 사라져버리는 니트로셀룰로오스계의 소진 약협이다. 발사 후에는 포강내 압력에 견딜 수 있도록 금속 소재로 만들어진 약협 바닥 부분만 남고 나머지는 연소된다.

## M829A1 날개안정철갑탄

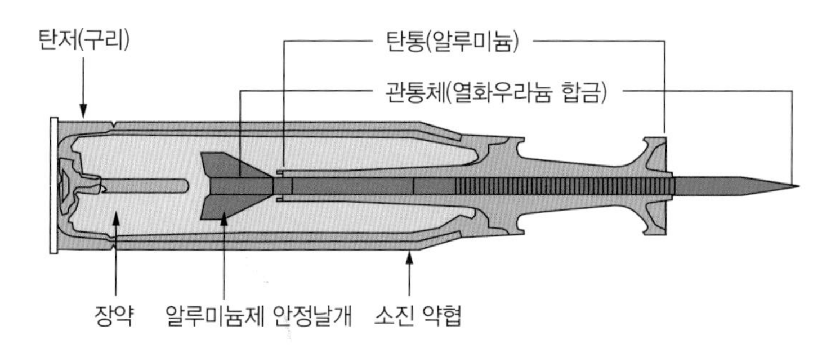


**초속도** : 1,575m/s
**유효 사정거리** : 3,000m
**약실 압력** : 5526.8기압(560MPa)
**사격 시 명령** : SABOT(세이보)

**신관** : 없음
**대상** : 전차, 전차와 유사한 중장갑 목표
**중량** : 20.9kg(장약 : 9.0kg)
**길이** : 984mm

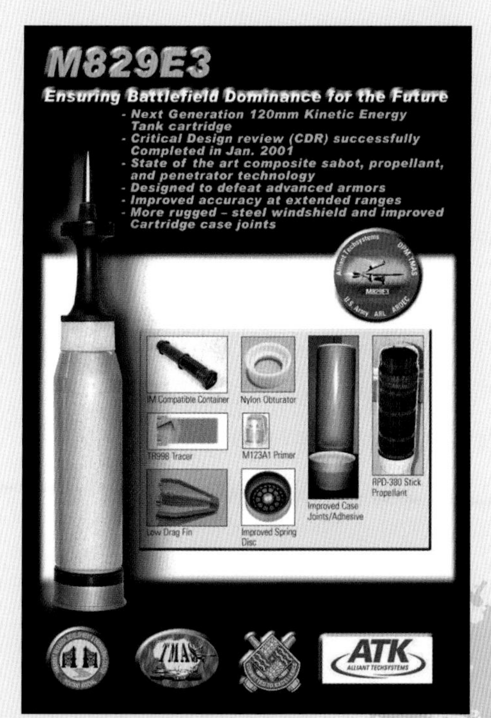


**관통체** : 열화우라늄 합금
**지름** : 22mm
**길이** : 780mm
**중량** : 9.0kg
**관통 길이** : 540mm/직각, 630mm/60도 (균질 압연강판에 대해 사거리 2,000m인 경우)

M829E3(현 M829A3)의 포스터. 포탄 오른쪽에 있는 관통체 이외의 구성 부품을 보면 포탄의 구조를 알 수 있다.
(사진 제공 : 미국 육군)

# M830 HEAT
## – 기본적으로 장전하는 탄

성형작약탄을 토대로 하여 폭발 파편에 의해 살상력을 확장한 것을 다목적탄(high explosive anti-tank multi purpose tracer, HEAT-MP-T)이라고 한다. 유탄에 비하면 파편이 퍼지는 범위가 좁지만, 보병이나 트럭 같은 가벼운 표적에도 사용할 수 있으므로 어떤 표적이 나타날지 알 수 없는 전투 상황 시에는 이 포탄을 미리 장전해둔다.

M830은 서독 라인메탈제 DM12A1을 제너럴 다이내믹스가 라이선스 생산한 것으로, 신관과 작약이 미군 규격이다. 성형작약탄두의 라이너에는 구리를 사용한다. 그림에는 없지만, 신관의 감응부는 툭 튀어나온 끝 부분뿐 아니라 탄두 부분에도 달려 있다. 명중각이 얕아도 기폭케 하기 위해서다. 안정날개 뒷부분에는 탄도를 눈으로 쫓을 수 있도록 예광제(tracer)가 들어 있다. 유효 사정거리는 2,500m, 장갑 관통력은 균질압연강판에 대해서 600~700mm다.

M830A1은 ATK사가 개발한 다목적탄(multi purpose anti-tank, MPAT)이며, 장전 시에 근접 신관으로 바꾸어 헬리콥터도 공격할 수 있다. 장탄통을 부착하고 탄두부를 가늘게 만들어 공기 저항을 줄였으므로, 유효 사정거리가 4,000m로 길어지며 원거리에서의 명중 정밀도도 향상했다. 대상 목표도 헬리콥터 외에 건물, 벙커도 포함된다. M830에 비해 탄두부의 지름이 작으므로 장갑 관통력은 약간 떨어진다. 제작사인 ATK는 경장갑 차량에 대한 공격력이 M830에 비해 30%, 벙커에 대한 공격력이 20% 향상했다고 밝혔다.

## M830 다목적탄

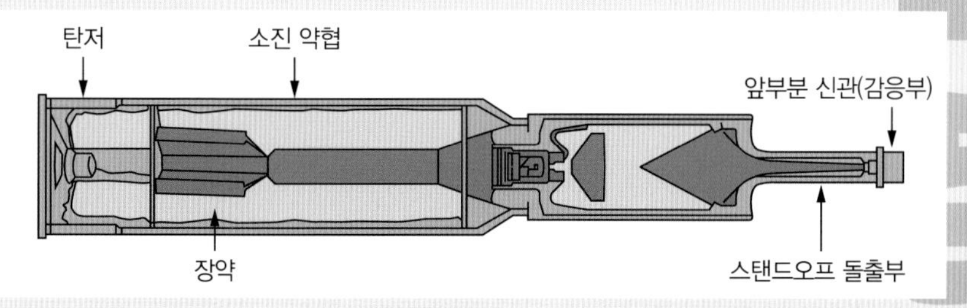


**초속도** : 1,140m/s
**유효 사정거리** : 2,500m
**약실 압력** : 4734.2기압(480MPa)
**사격 시 명령** : HEAT
**신관** : 탄두 점화 탄저 기폭
**대상** : 경장갑 차량, 야전 진지, 부차적으로 전차, 중장갑 차량

**중량** : 24.2kg
(장약: 5.4kg)
**길이** : 981mm
**탄두** : 성형작약탄
**탄두 길이** : 842mm
**탄두 중량** : 13.5kg

## M830A1 다목적탄

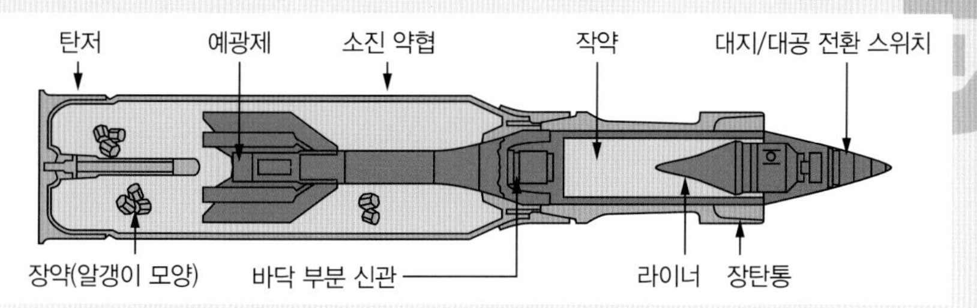


**초속도** : 1,400m/s
**유효 사정거리** : 4,000m
**약실 압력** : 5526.8기압(560MPa)
**사격 시 명령** : MPAT(대지 모드)/MPAT AIR(대공 모드)
**신관** : 탄두 점화 탄저 기폭/근접 전환
**대상** : (대지 모드) 경장갑 차량, 건물, 벙커, 대전차 미사일 발사기, 사람, 부차적으로 전차, 중장갑 차량
(대공 모드) 헬리콥터
**중량** : 22.3kg(장약: 7.10kg)
**길이** : 982mm
**탄두** : 성형작약탄
**탄두 길이** : 778mm
**탄두 중량** : 11.4kg

(사진 제공 : 미국 육군)

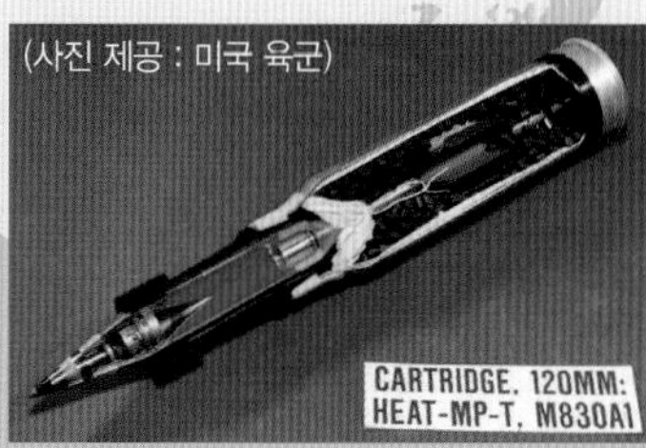

# M1028
## – 대인용 산탄

M1028 캐니스터탄은 북한군이나 중국군의 인해전술에 대항하기 위해 한국에 주둔하는 미군의 요청으로 개발한 대인용 포탄이다. 탄두에는 알루미늄 합금제 탄체에 개당 약 10g의 텅스텐 볼 1,100개(11kg)가 들어 있다. 탄두는 일반 산탄총처럼 포구에서 벗어남과 동시에 텅스텐 볼을 방출한다. 유효 사정거리는 200~500m다. 1발로 산개해서 전진하는 보병분대(10명)의 50% 이상을 쓰러뜨리거나, 2발로 산개해서 전진하는 보병소대(30명)의 50% 이상을 쓰러뜨리는 것이 목적이다.

제너럴 다이내믹스의 무기 전술 시스템 부문에서 1999년부터 개발을 시작했다. 발사 시험 시에 블록담장을 관통해서 사람을 명중시키는 대인 살상력 외에, 철조망 제거나 일반 차량 파괴 등 시가전에서의 장애물을 제거하는 데에도 효과적이라는 사실을 보여주었다. 2005년부터 생산에 들어갔고, 이라크에서 작전하는 부대에 다수 공급되었다. 이라크의 보병 지원 작전에서 양호한 성과를 올리고 있다고 한다.

비슷한 기능을 지닌 것으로는 플레셰트(flechette)탄이 있다. 이것도 대인 공격용으로 개발된 포탄이다. 탄두에 작은 다트 모양의 탄자(이것을 플레셰트라고 부른다)를 넣고, 발사 후에 시한신관(time fuze)으로 작렬시켜 흩뿌린다. 그러나 시한신관을 설정하는 일이 까다롭고 즉응성이 없는 데다, 탄자인 실탄도 1g 미만으로 관통력이 없기 때문에 잘 사용하지 않는다. 미국의 경우 2세대 전차 M60의 105mm 포의 플레셰트탄은 있었지만, 120mm 포에서 사용할 것은 개발하지 않았다.

## M1028 캐니스터탄

**초속도** : 1,410m/s
**유효 사정거리** : 200~500m
**신관** : 없음
**대상** : 사람
**중량** : 22.9kg(장약 : 5.4kg)
**길이** : 780mm
**탄두** : 산탄/텅스텐 볼
**탄두 길이** : 317.5mm
**중량** : 11.0kg(텅스텐 볼의 총 중량)

탄두부에는 약 1,100개의 텅스텐 볼이 들어 있다.
(사진 제공 : 미국 육군)

← 포격 전

← 포격 후

높이 3.0m×너비 6.1m의 담 뒤에 숨겨진 표적을 향해 시험 사격을 했다. 담 뒤에 목제 인형 표적 5개를 배치하고, 벽에 대해 45도 위치에서 사격했다. 사격 결과, 담은 무너지고 뒤쪽의 표적은 모두 텅스텐 볼로 관통되었다. 표적 2개는 관통되었지만 무너진 벽돌에 걸려 쓰러지지는 않았다.
(사진 제공 : 미국 육군)

# M831A1 & M865
## – 파란 머리의 훈련탄

전차 훈련은 지금까지 시뮬레이터나 레이저를 사용한 장치로 효율화되어왔다. 그러나 무거운 포탄을 장전하는 작업이나 발사 시의 충격 등은 지금껏 재현하지 못했다. 또한, M256을 비롯한 라인메탈제 120mm 활강포 계열은 소진 약협을 사용하는 구조상 공포탄을 쏠 수 없다. 그러므로 지금도 실제 포탄을 쏘는 것이 최고의 훈련이다.

다목적탄의 훈련탄은 탄두부를 알루미늄이나 강철로 바꾸고 신관을 제거했지만, 그 외에는 실탄과 거의 똑같은 모양, 중량, 탄도를 지닌다. 파괴력 이외에는 모든 것이 동일한 셈이다.

다만, 도달거리가 약 30km나 되는 날개안정철갑탄(APFSDS)은 실탄과 동일한 도달거리의 훈련탄을 쏘면 포탄이 훈련장을 벗어나버릴 것이다. 그래서 M865 훈련탄(TPCSDS-T)을 만들었다. M865 훈련탄은 관통체를 강철로 가볍게 만들고, 꼬리 쪽에 부착하는 안정날개의 모양을 원뿔형으로 만듦으로써 거리 2,500m 이후에 속도가 급속히 떨어지도록 했다. 최대 도달거리는 8,000m로 줄였다.

동일한 120mm 포탄을 사용하는 일본의 90식 전차의 경우, 훈련탄 TPFSDS를 사용한다. 이 포탄은 목표에 명중하거나, 일정 거리를 날아가면 탄체가 3개로 분해되고 속도가 급격히 떨어지는 구조다. 그래서 좁은 훈련장에서도 사용할 수 있다.

이들 훈련탄은 한눈에 구별할 수 있도록 탄두 부분을 파랗게 칠했다. 사격한 후의 탄도를 눈으로 좇을 수 있도록 탄두의 꼬리 부분에 예광제(tracer)가 달려 있다.

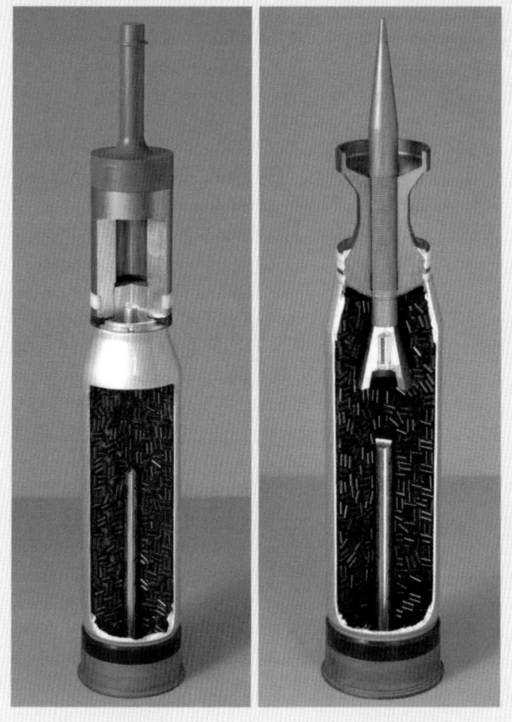

훈련탄 M831A1(왼쪽)과 훈련용 날개 안정철갑탄 M865(오른쪽).
(사진 제공 : GD-OTS)

## 훈련탄 M831A1 TP-T

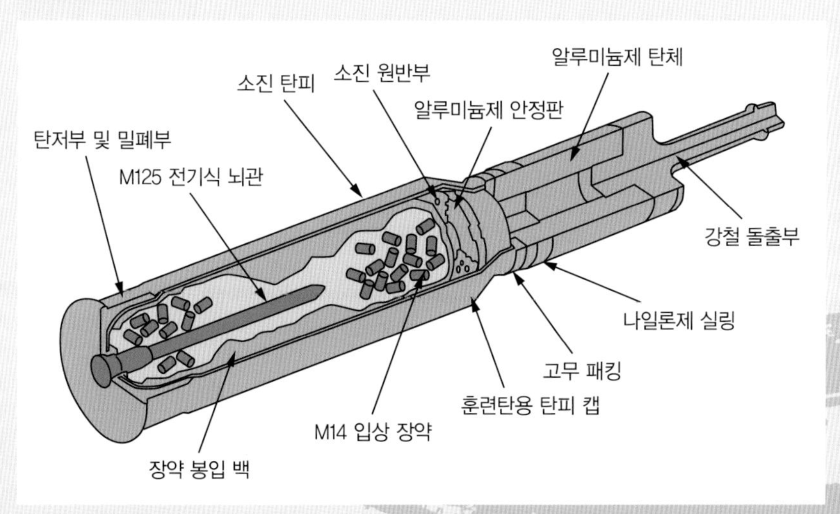

# XM1069 HEAT
## – 하이테크 신관으로 부활한 고폭탄

고폭탄은 작약을 폭발시킴으로써 탄각(포탄 껍데기)의 파편으로 살상하는 포탄이다. 과거에는 보병 지원용으로서 전차에 반드시 탑재했는데, 대전차 기능과 고폭탄의 기능도 지닌 대전차 고폭탄(HEAT)의 등장으로 전차용 고폭탄(HE)의 존재는 잊혀졌다.

하지만 냉전이 종식되면서 저강도 분쟁이 늘어나자, 전차끼리 대결할 가능성이 줄어들면서 다시 한 번 고폭탄의 존재가 부각되었다. 그러나 전차가 싣고 다닐 수 있는 포탄의 수는 한정되어 있다. 특히 구경이 120mm 이상이면 약 40발밖에 실을 수 없으므로, 탄종이 다양해지면 효율이 매우 나빠진다.

그래서 개발한 것이 M830 다목적 대전차 고폭탄이다. M830A1 다목적탄, M1028 캐니스터탄의 기능을 하나로 묶은 새로운 포탄 XM1069 LOS-MP다. LOS-MP는 line of sight multi-purpose(직접 조준, 다목적)의 약자다. 새로이 개발된 포탄이라기보다 새로운 신관을 부착할 수 있게 됨으로써 부활한 탄종이라고 할 수 있다.

레이저 거리 측정기의 데이터로 시한신관의 타이밍을 순식간에 입력할 수 있게 됨으로써 즉응성이 높아졌다. 그리고 접촉 폭발, 지연 폭발 등의 몇 가지 기폭 모드를 선택할 수 있는 다기능탄으로 개발되었으므로, 시한신관으로 공중 폭발케 해서 넓은 범위의 목표를 공격하는 데 사용할 수 있다. 접촉 모드를 사용하면 건물이나 벙커를 공격할 수 있고, 지연 모드인 경우 관통 후 폭발하게 할 수 있으므로 경장갑 차량 혹은 전차도 격파할 수 있다. 이것이 실용화되면 M1 에이브람스의 포탄은 M829 철갑탄과 XM1069, 딱 두 종류로 줄일 수 있다.

## 두 종류의 XM1069 탄두

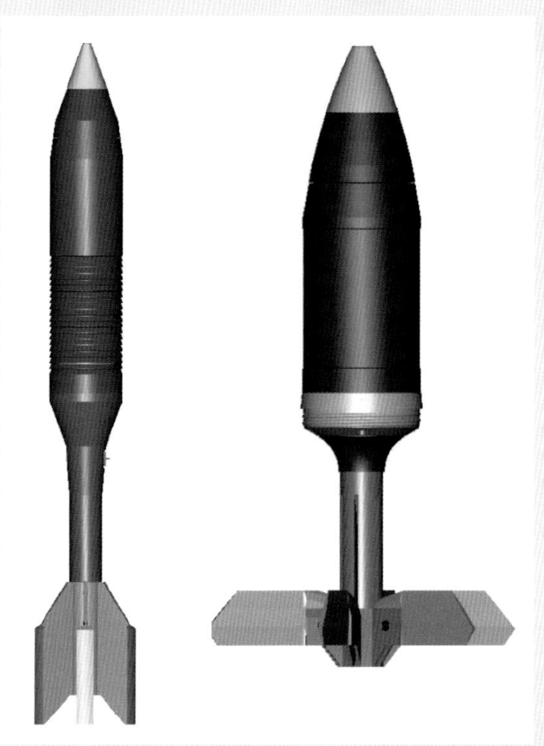

XM1069의 탄두는 두 가지로 연구되었다. 얇은 탄두는 공기 저항이 적은 만큼 사정거리가 늘어나지만, 위력은 떨어진다.

(그림 제공 : 미국 육군)

굵은 탄두로 실시한 실사 시험. 두께 24 cm의 콘크리트 벽에 2발을 쏘아 48 cm×145 cm의 구멍을 뚫었다(왼쪽). T–55 전차의 포탑 옆면을 1발로 관통했다(오른쪽). (사진 제공 : 미국 육군)

# 포강내 발사식 미사일
## – 주포로 쏠 수 있는 미사일도 있다

1970년대 미국은 포탄은 물론 대전차 미사일도 발사할 수 있는 152mm 건 런처를 개발했지만, 적용할 전차의 개발은 모조리 실패했다. M1 에이브람스에는 대전차 미사일이 없고, 적용할 계획도 없다. 그러나 소련은 1976년에 배치하기 시작한 T–64 전차부터 주포 발사식 대전차 미사일을 적용했고, 현재 주력 전차인 T–80/90은 레이저 유도식 9M119 레플렉스 대전차 미사일을 운용한다. 이 미사일은 최대 사정거리 5,000m이며, 헬리콥터도 공격할 수 있다.

이러한, 미국의 일반적인 태도와는 달리, **M1 에이브람스의 120mm 활강포에서 발사할 수 있는 미사일은 이미 개발되었다.** 이스라엘 IAI사의 **LAHAT**는 성형작약탄두 여러 개를 직렬로 배열한 탠덤식 대전차 미사일이다. 장갑이 얇은 윗면을 공격하는 탑 어택(top attack) 방식을 채택했으며, 기존의 사격통제장치로 유도할 수 있다. 레이저 거리 측정기의 레이저를 몇 초 동안 상대에게 조사하기만 하면 조준할 수 있다. 최대 사정거리는 8,000m로 추정된다. 항공기의 레이저 유도 폭탄을 응용한 것이기 때문에 1발당 비용이 2만 달러로 기존의 대전차 미사일에 비해 매우 저렴하다.

105mm 포에서도 발사할 수 있고, M1 에이브람스와 동일한 라인메탈 AG제 120mm 활강포를 장착하고 있는 메르카바(Merkava) Mk.3/4 전차에 장비되어 있다. 또한, 독일의 레오파르트 2 A4 전차도 특별한 개조 없이 발사에 성공했다. 미국 육군은 적어도 2035년까지 M1 에이브람스를 주력 전차로 사용할 예정이므로, 앞으로 이 미사일을 채택할 수도 있을 것이다.

## LAHAT

레오파르트 2 A4에서 LAHAT을 발사하는 연속 사진.
(사진 제공 : 라인메탈 AG)

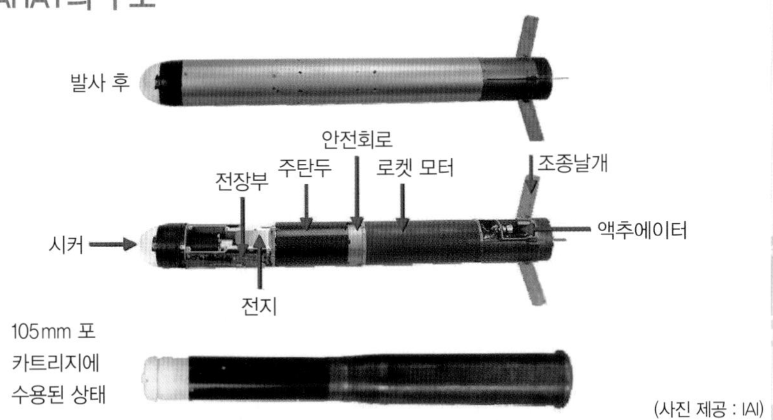

# 기관총
## – 실제로 가장 많이 활용하는 화기

사실 M1 에이브람스에서 가장 많이 사용하는 화기는 보조 무기인 기관총이다. 표준적인 형태는 주포와 동축으로 설치된 **M240 7.62mm 기관총**과 전차장용 큐폴라에 회전식으로 설치된 **M2HB 12.7mm 기관총**이다. 탄약수 해치 앞쪽에 설치된 M240 7.62mm 기관총은 붙였다 뗐다 할 수 있는 방식이다.

동축 기관총은 포수가 다루는 화기인데, 주포를 쏠 만한 정도가 아닌 작은 표적을 노릴 때 사용한다. 근거리에서는 탄도가 주포와 비슷하기 때문에 주포 대신 사용하는 경우도 있다. 기관총은 1977년에 채택한 M240이다. M240은 벨기에의 FN에서 개발한 MAG 기관총의 라이선스 생산품이다. 불량이나 불발이 적고 신뢰성이 매우 높다. 실탄은 1만 발을 휴대한다.

기관총 브라우닝(Browning) M2는 전차장용 무기로 설치된다. 1933년에 제식화한 오래된 기관총이지만, 값이 싸고 신뢰성이 높아 지금도 전 세계에서 사용하는 명품이다. 기관총 자체는 38kg으로 무겁지만, 장착대에 설치해 자유롭게 회전할 수 있다. A1까지는 포탑 내에서 기계의 힘으로 조작했지만, A2부터는 기계 조작을 하지 않는다. 실탄 수는 900발이다.

탄약수용 무기는 동축기관총과 같은 M240이다. 이것도 장착대에 설치하는데, 전차장용 장착대와 360도 회전할 수는 없다. 실탄 수는 1,400발이다. 차량을 포기할 때는 차량에서 떼어내서 사용할 수도 있다.

그 외에 전차가 파괴되어 하차해야 할 때를 대비해서 M16 소총 2정, M67 수류탄 8발을 보유하고 있다.

## M240 7.62mm 동축 기관총

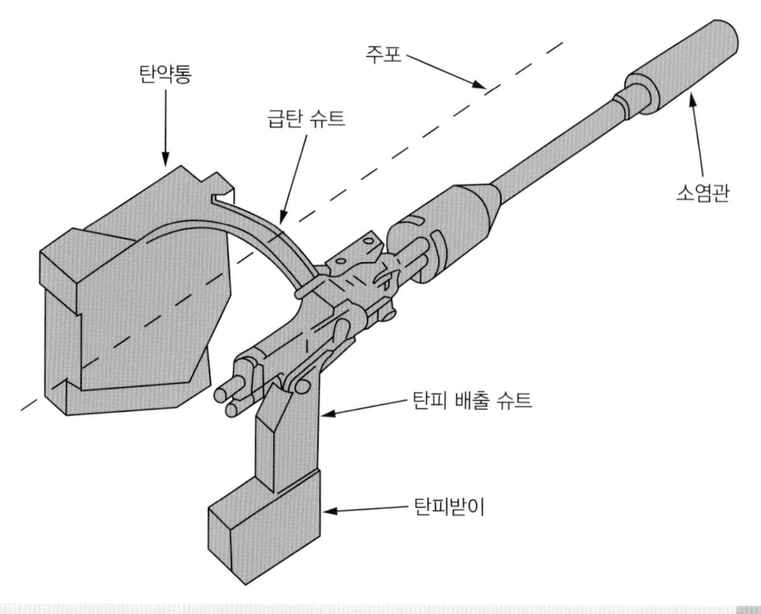

주포 사용 가능성이 낮을 때 탄약수는 전차장과 함께 외부를 경계한다. 사진에서는 전차장용 기관총이 떼어져 있다.

(사진 제공 : 미국 국방부)

# 포탑의 구조
## – 약 9초 만에 360도 회전할 수 있다

포탑은 대부분의 승무원이 활동하는 부분이다. 무장, 장갑, 센서가 집중되어 있고 전차의 거의 모든 임무를 수행하는 공간을 제공한다. 포탑은 방탄강판을 용접해서 만들며, 포탑과 차체는 완전히 독립되어 있다. 포탑은 차체에 부착된 레일(포탑링)에 놓여 있다. 전차장, 포수, 탄약수는 포탑에 매달린 형태의 포탑 배스킷 위에서 작업하므로, 포탑이 돌면 3명의 승무원도 포탑을 따라 회전한다.

포탑은 전기 모터로 구동되며, 9초 만에 360도 회전할 수 있다. 주포도 모터로 구동하며, +20~-10도의 범위에서 위아래로 움직일 수 있다. 각속도는 최대 25도/초다. 이 두 모터는 사격통제장치와 연동하는데, 목표를 추적할 때는 좌우 4.2도/초, 상하 1.4도/초로 동작하며 목표를 끊임없이 따라잡는다.

포탑 뒤쪽의 돌출부는 버슬(bustle)이라고 하며, 탄약고로 사용한다. 탄약고는 방화벽으로 구분되어 34발의 포탄이 들어 있는데, 실제로 즉응탄으로 사용할 수 있는 것은 17발이다. 그 외의 포탄은 휴지기간에 꺼내서 옮겨야만 사용할 수 있다. 탄약고의 윗면에는, 포탄이 유폭될 때 열리는 블로오프 패널이 달려 있다. 포탑 뒷부분 주변에는 짐을 넣는 바구니가 달려 있다. 그곳에 침구, 음료수, 아이스박스 등 비품을 넣는다.

포탑은 가장 튼튼한 장갑으로 만들지만, 정면 공격에는 약점이 있다. 차체와 포탑을 잇는 포탑 기부가 큰 취약점이다. 구조상 장갑이 관통되지 않더라도 포탑링만 파괴되어도 전차는 주포를 사용할 수 없게 된다.

## M1 에이브람스의 포탑

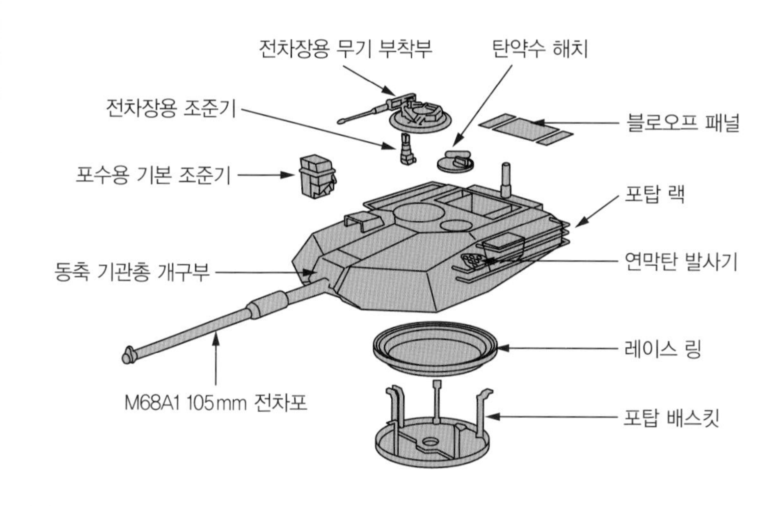

사진처럼 전차장, 포수, 탄약수 3명은 포탑에 매달린 포탑 배스킷 안에서 작업한다. (사진 제공 : 미국 육군)

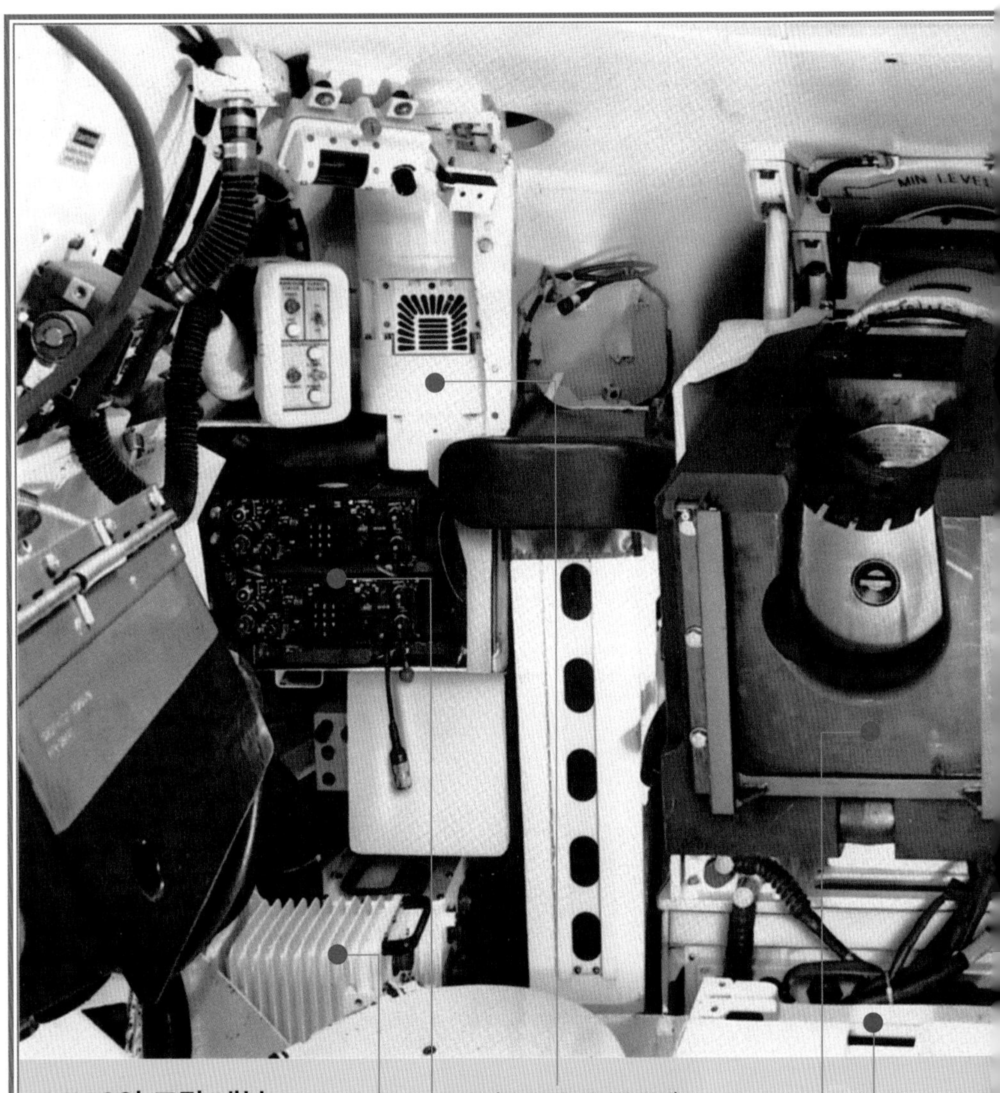


## M1A2의 포탑 내부

CITV(전차장용 열영상 장치)

M256 120mm 전차포

포탑 전장 유닛

사격통제장치 컴퓨터

SINCGARS(single channel ground and airborne radio subsystem: 지상 · 공중 단일 채널 무선 시스템) VHF 무선기

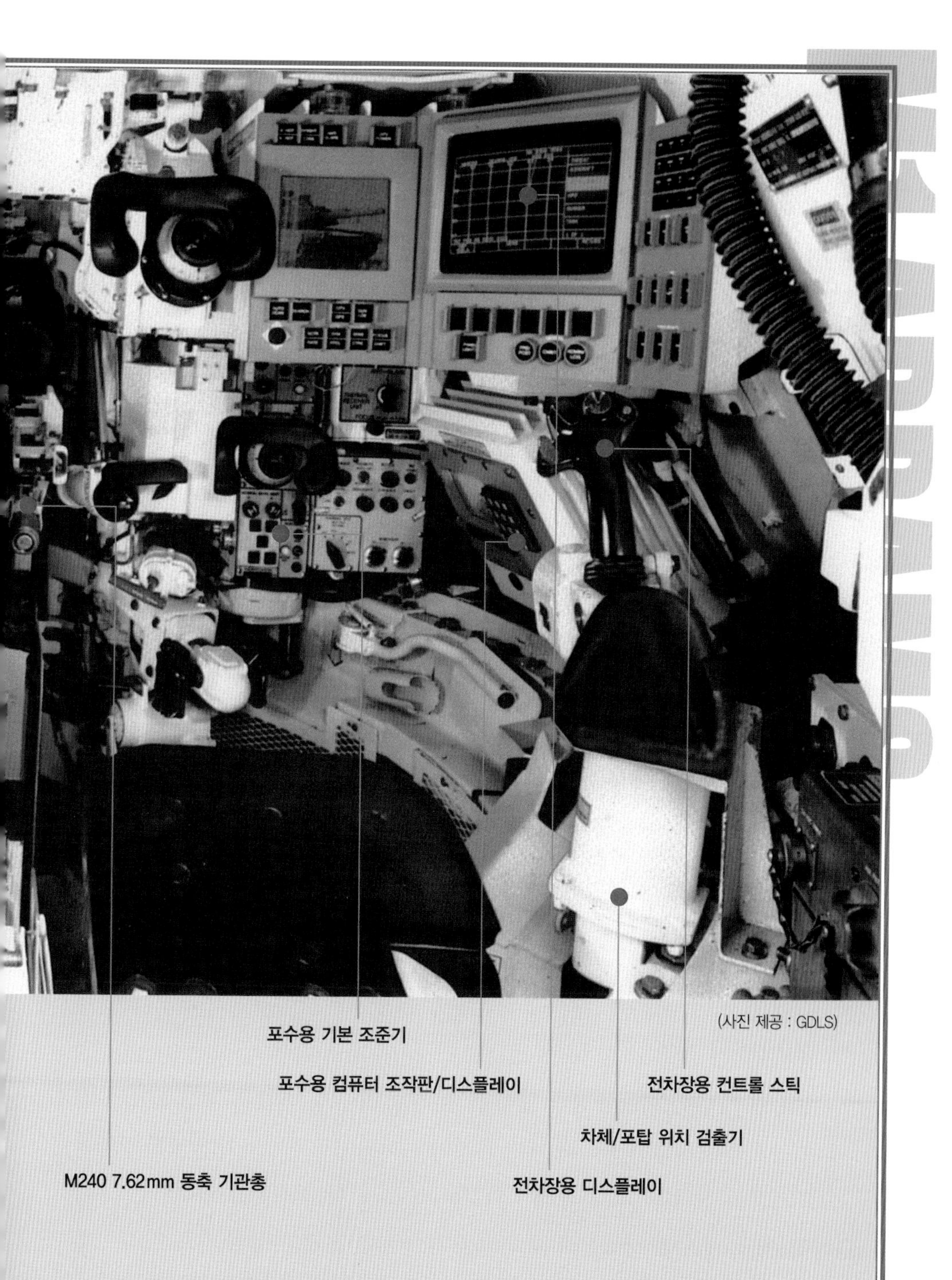
포수용 기본 조준기
포수용 컴퓨터 조작판/디스플레이
전차장용 컨트롤 스틱
차체/포탑 위치 검출기
M240 7.62mm 동축 기관총
전차장용 디스플레이

(사진 제공 : GDLS)

# 포수
## – 다년간의 경험이 있는 부사관이 담당

표적을 격파하려면 전차장과 포수의 콤비네이션이 무엇보다 중요하다. 사격통제장치는 포수가 입력한 데이터를 일괄 계산해서 사격할 수 있게 해준다. 포수는 표적의 종류에 따라 포탄을 선택해서, 사격통제장치에 발사 신호를 보내기만 하면 되므로 매우 간편하다. 하지만 최초 표적 발견, 식별, 조준은 사격통제장치로는 할 수 없고 포수가 직접 해야 한다.

포수는 주포 폐쇄기의 오른쪽에 있다. 심하게 흔들리는 부정지 주행 중에도 정확히 조준할 수 있도록 가슴 패드와 좌석 사이에 몸을 막대처럼 넣어 고정한다. 오른쪽 조작 패널/디스플레이에는 입력용 키보드가 있다. 전투 전에 대기압, 기온, 장약 온도, 그리고 포구 조합 센서에서 보내온 포신의 변형 수치를 입력해둔다. 조준기 접안부가 달린 패널에는 자주 사용하는 스위치가 모여 있다. '배율: 3배/10배', '포탄 종류: 철갑탄/다목적탄/캐니스터탄/대전차 유탄', '무장: 주포/동축 기관총', '조준 영상: 보통/열영상', '모드: 보통/드리프트' 등을 각각 선택할 수 있다. 오른쪽 패널에는 조준 보정, 열영상 카메라의 감도, 카메라 영상의 흑백 반전, 가늠쇠, 데이터 표시 농도 등을 조절하는 스위치가 있다. 일반적으로 조준 배율 3배로 수색해서 목표를 발견하면 포수는 목표의 종류와 방향을 외치고 조준 배율을 10배로 바꾼다. 목표를 조준 내의 가늠쇠에 포착하면 레이저 거리 측정기를 작동해서 목표까지의 정확한 거리를 측정한다. 그 외의 센서의 데이터도 사격통제장치로 입력된다. 록온(lock on)되면 자동으로 포가 움직여 추적한다. 전차장의 발포 지시에 따라 집게손가락으로 포수 핸들의 버튼을 누르면 주포가 발사된다.

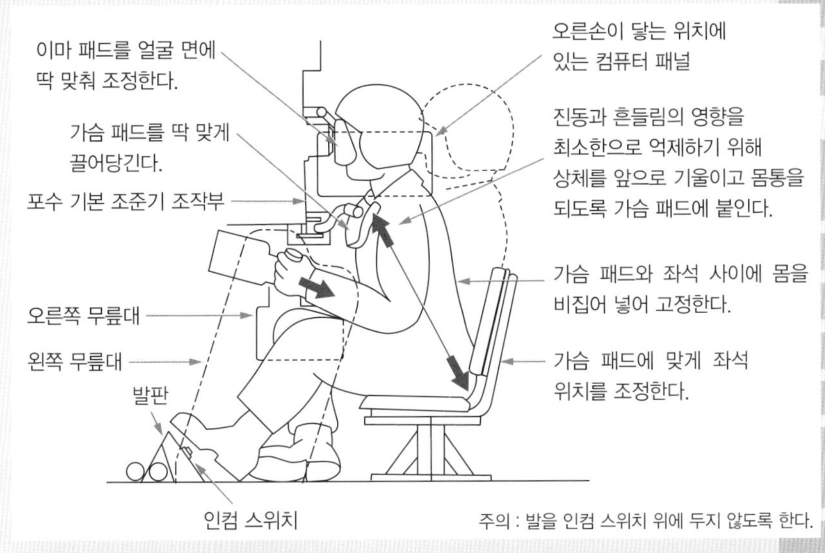


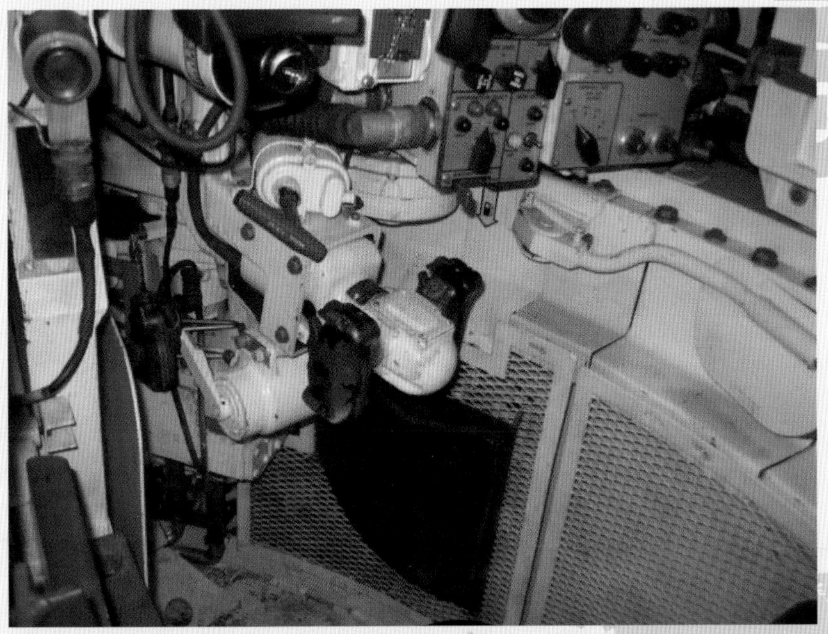

포수 조작 핸들은 게임 패드처럼 생겼으며, 축에 설치되어 있다. 포수 조작 핸들 위에 있는 붉은 레버는 주포를 쏘는 방아쇠다. 엄지손가락, 집게손가락, 가운뎃손가락을 살짝 쥐고 누를 수 있는 위치에 버튼이 배치되어 있다. 핸들을 좌우로 돌리면 포탑이 좌우로 회전하고, 포신 핸들을 돌리면 속도에 대응해서 포탑의 회전 속도도 바뀐다. 살짝 쥔 손을 앞뒤로 돌리면 조준기 내의 영상이 위아래로 움직인다.

# 탄약수
## – 신참 전차 승무원의 보직

앞서 설명했듯이 120mm 포탄은 20kg이 넘는다. 이는 사람이 좁은 차내에서 재빨리 장전할 수 있는 한계에 가까운 중량이다. 그리고 이처럼 포탄을 장전하는 일이 탄약수의 역할이다. 1발 장전하는 데 대체로 10초 정도 걸리는데, 숙련된 탄약수는 5초 안에 장전할 수도 있다. 중노동인 데다가 고르지 못한 노면을 주행할 때는 심하게 흔들리는 조건에서 작업해야 하는 어려움이 있다. 주포와 가까운 곳에서 장전해야 하므로 발포 직후에 빠르게 뒤로 밀려나는 포미, 유독 가스를 함유한 화약 연기, 뜨거워진 탄저 등에 접촉할 위험이 크다.

또한, 전투 상황이 아닐 때는 포수 해치에서 몸을 내밀어 전차장과 함께 전차 외부를 경계한다. 보통 신입 부사관이나 병사가 이 역할을 수행한다. 이른바 신참 전차 승무원의 보직이라고 할 수 있다.

포탄의 장전 순서는 다음과 같다.

① 무릎 위치에 있는 스프링 탭 스위치를 눌러서 탄약고를 연다.

② 포탄을 꺼내서 주포 방향에 둔다.

③ 스프링 탭 스위치를 떼면 2초 후에 탄약고가 닫히기 시작한다.

④ 포탄을 안고, 회전하는 탄약수 좌석에 앉는다.

⑤ 탄약고가 닫힌다. 왼팔로 포탄을 받치면서 오른손으로 폐쇄기에 집어넣는다. 장전이 완료되면 장전된 포탄 종류를 외친다(철갑탄은 '세이보!', 대전차탄은 '히트!').

140mm 포를 장착한 M1A3의 포탄은 사람이 장전할 수 있는 한계를 넘기 때문에 자동장전을 고려했다. 그러나 A3은 개발이 중단되었다. 탄약수의 역할은 당분간 계속될 것이다.

## M1(105 mm)에서 탄약수의 좌석 위치

주포 발사 중에는 포탄을 무릎에 올려놓은 상태로 대기한다.

장전 작업을 보조하는 회전의자에 앉는다.

평소에 탄약고는 닫혀 있다.

발사의 반동에 의해 뒤로 밀려나는 포미로부터 탄약수를 보호하는 어깨 보호대.

탄약고 개폐 스위치. 무릎으로 누른다. 사용하지 않을 때는 올려둔다.

반동에 의해 뒤로 밀려나는 포미로부터 탄약수를 보호하고, 장전할 때 다리를 받쳐주는 무릎 보호대.

탄저 박스로부터 탄약수를 보호하고 포탑 배스킷 내의 움직임을 제한하는 다리 보호대.

발사 후 배출되는 약협의 낙하 방향을 조절하는 탄저 배출 보호대.

반동에 의해 뒤로 밀려나는 포미와 뜨거워진 약협으로부터 전차장과 탄약수를 보호하는 플립 아웃 보호대.

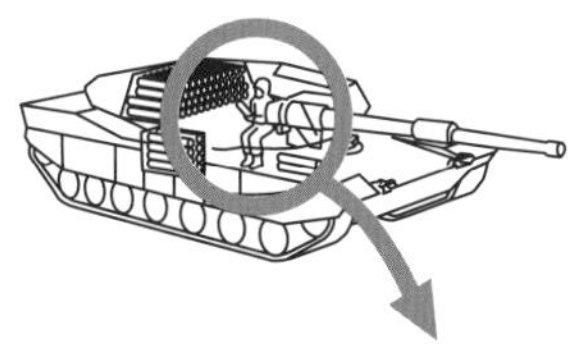

탄약고에서 포탄을 꺼내면서, 1분 동안 10~12발 장전할 수 있다.

즉응탄 (22발)

바닥면에 3발을 둔다.

격납 포탄(22발)

차체의 탄약고에 8발을 수용

철갑탄을 장전하는 장면. 모든 포탄은 20kg이 넘는다. 차내에서 가장 힘든 보직이다.

(사진 제공 : 미국 육군)

# 전차장
## – 전차의 모든 것을 지휘하는 리더

전차장은 전차를 지휘하는 역할을 수행하며 부사관 이상이 맡는다. 제2차 세계대전 때 독일 육군이 차내의 기능에서 벗어나서 지휘에 전념하는 전차장 자리를 처음 만들었다. 전차의 이동 방향이나 목표 우선순위를 결정하고 발포를 지시하는 것은 모두 전차장의 몫이다. 외부와의 연락도 전차장이 하며, 소대장은 중대 본부와의 연락도 담당한다.

전차 외부 경계도 전차장의 기본 임무이다. 해치 주변의 투시창을 통해 외부 상황을 볼 수 있다. 하지만 투시창은 시야가 좁으므로, 해치에서 몸을 내밀어야만 주변 상황을 정확히 파악할 수 있다. 전차장은 피격당할 위험도 있지만, 외부 감시를 게을리하면 전차가 통째로 위험에 빠질 수 있으므로 이는 어쩔 수 없다. M1A2에서는 전차장 전용 감시기기인 전차장용 열영상 장치(CITV)가 설치되어 있으므로 피격당할 위험성이 줄었지만, 아직까지는 인간의 오감에 의존하는 경계 방식이 주류다. 만일 전차장이 피격당하면 포수가 전차장의 역할을 대신한다.

M1A2에는 CITV의 기능을 확장한 오버라이드(override) 기능이 있다. 이 기능은 포수가 노린 목표보다 우선순위가 높은 목표가 나타났을 때, 전차장이 직접 주포를 조작 · 발포할 수 있는 기능이다.

또한, 전차장은 M1A1D/A2 SEP에서 추가된 데이터 링크 시스템 포스 21 여단급 이하 전투지휘체계(FBCB2)의 데이터 조작과 입력도 담당한다. 그러나 지휘에 수반되는 데이터가 늘어나고 이를 관리하는 데 시간이 오래 걸리다 보니, 전차장의 부담이 급격히 증가한다는 딜레마도 생겼다.

포트 어윈(Fort Irwin) 훈련장에서 훈련 중인 해병대의 M1A1. 전차 외부 상황을 감시하는 일은 전차장의 중요한 역할이다.
(사진 제공 : 미국 국방부)

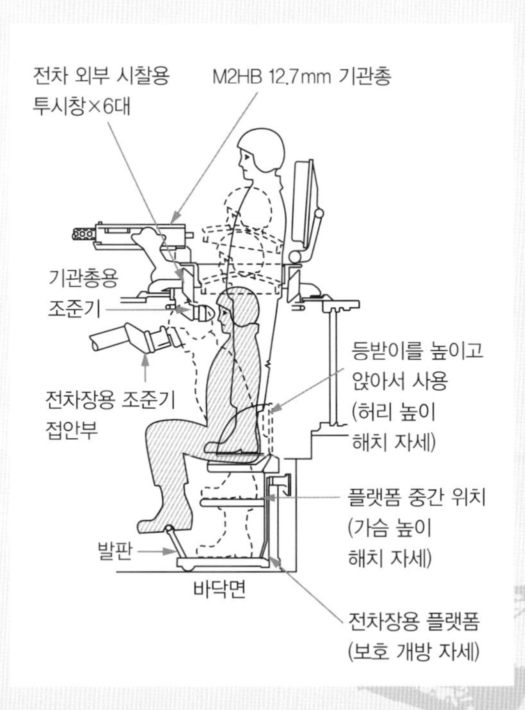


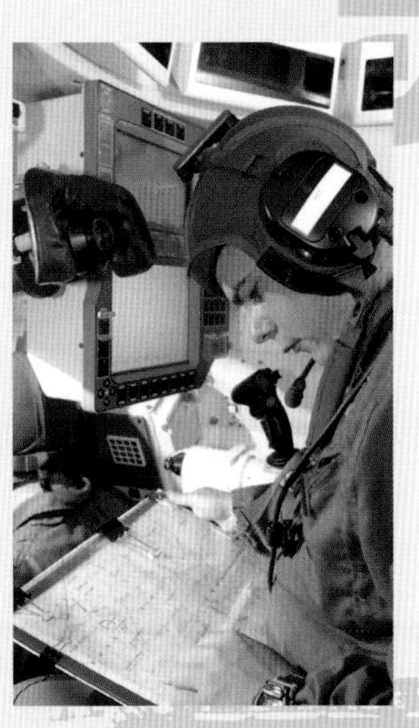

M1A2 SEP를 모방해서 만든 시뮬레이터의 전차장 좌석. 고해상도의 커다란 컬러 액정 화면이 2개 표시되어, 전차장이 다루는 정보량도 급격히 증가했다. (사진 제공 : 록히드 마틴)

# 보조 동력 장치
## – 나쁜 연비를 보완하려는 연구

M1 에이브람스는 정비성이 좋고 무게가 가벼우며 출력이 큰 가스 터빈을 채택했다. 하지만 가스 터빈은 전차가 멈춰 있을 때도 계속 작동해야 해서 49.2~68.1L/h의 연료를 소비한다. 이처럼 나쁜 연비는 전차의 전투행동반경을 좁히고 연료 보급을 위해 병력을 별도로 할당해야 한다는 단점을 야기했다.

나쁜 연비를 일부 해결하는 방법으로 외부 보조 동력 장치(external auxiliary power unit, EAPU)를 설치하기로 했다. 이 장치는 출력 5.6kW의 1기통 디젤 엔진 발전기다. 연료는 주 엔진과 달리 경유를 사용한다. 이것으로 주 엔진이 멈출 때에도 전자기기나 유압 계통을 작동할 수 있다. 그러나 연료를 장갑도 없이 포탑 뒷부분에 실은 형태여서, 이라크 전쟁(2003년)에서는 외부 보조 동력 장치가 피탄되어 엔진에 불이 옮겨 붙어 1대의 M1A1이 화염에 휩싸이기도 했다.

M1A2 SEP는 이를 교훈 삼아, 연료 탱크가 있던 차체 뒷부분 왼쪽 구역에 장갑 내 보조 동력 장치를 장착했다. 이 장치는 중량 231kg, 출력 10kW의 가스 터빈식 발전기로, 6kW의 발전 능력이 있다. 정지·대기 시의 연료 소비량은 11.4~18.9L/h이다. 사용하는 연료가 주 엔진과 동일해졌기 때문에 JP-8 한 종류로 통일할 수 있었다.

그리고 미국 육군의 전투 차량 연구 개발 기술 센터는 배기량 330cc, 중량 100kg의 로터리 엔진으로 발전하는 보조 동력 장치를 개발했다. 이 장치의 연료 소비량은 3.8L/h까지 줄어든다.

2009년부터는 227kg짜리 배터리로 교체하고 있다.

포탑의 장구함에 설치한 외부 보조 동력 장치.

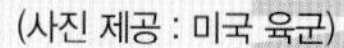
(사진 제공 : 미국 육군)

이라크 전쟁 때(2003년 4월 5일 혹은 7일), 바그다드에서 파괴된 M1A1. 외부 보조 동력 장치가 12.7mm 기관총에 피탄되어 화염이 엔진으로 확산되어 행동 불능이 되었다.

(사진 제공 : 미국 육군)

# 무산된 M1A3
## – 요구 성능은 높아져갔지만 끝내 개발 중단

당초 M1 에이브람스는 3단계로 개량할 예정이었다. 화력을 강화한 블록 Ⅰ은 M1A1으로 탄생했고, 전자 장치를 강화하여 전투능력을 확대한 블록 Ⅱ는 M1A2로 결실을 맺었다. 블록 Ⅲ는 1980년부터 개념 검토를 시작하여 자동장전식, 무인포탑, 엔진과 서스펜션 등이 검토 대상이 되었다. 이전과는 차원이 다른 차량을 만들려는 계획이었다.

블록 Ⅲ의 형태를 모색하기 위해 1980년에 M1의 차체를 토대로 형상 연구 차량(styling research vehicle, SRV)과 시험 전차(tank test bed, TTB)를 만들었다. SRV는 승무원의 배치를 검토하는 차량이다. 차체 앞부분 한 곳에 3명을 모으는 형태와, 포탑 배스킷 내에 전차장과 포수를 두는 형태를 시험하기 위해 좌석을 5군데 마련했다. 시험 전차는 주포를 120mm 자동장전식으로 만들고, 차체 앞부분에 승무원 3명을 모두 모으는 형태다. 포탑의 무인화 · 소형화로 승무원의 생존성을 향상하고 피발견율을 낮추는 것이 목적이다. 자동장전식은 90식 전차와 같은 벨트식이 아니라, T-72/80 전차와 같이 포탑 아랫부분 둘레의 탄약고에 나란히 설치된 회전 트레이식이며, 포탄을 세워서 보관한다.

그러나 소련에서 4세대 전차의 출현이 예상되자 요구 성능은 더욱 높아져만 갔다. 140mm 포를 정착하기로 했고, 탑 어택(top attack)에 대한 방어 대책도 요구되었다. 그래서 1994년에 선진 요소 기술 시험 전차(continuous advanced tank test bed, CATTB)가 등장했다. 포탑은 자동장전임에도 유인화 · 대형화되었고, 모듈러 장갑을 도입했다. 엔진도 바꾸고 무한궤도도 변경해서 고무제 스커트를 추가하기로 했다. 그러나 M1A2로 충분하다고 판단해서 개발을 중지했다.

## 형상 연구 차량(SRV)

승무원 배치를 모색하기 위해 개발했다. 무장은 탑재하지 않았지만, 주포 위치에 무장 시뮬레이터를 설치했다.

(사진 제공 : GDLS)

## 시험 전차(TTB)

자동장전식 120mm 무인 포탑을 갖췄다. 차체 앞부분에 승무원 3명을 집중 배치했다. (사진 제공 : GDLS)

## 선진 요소 기술 시험 전차(CATTB)

자동장전식 140mm 포, 스텔스성, 신형 가스 터빈 엔진 등 신기술을 접목해서 이전과 완전히 다른 차량으로 만들었다.

(사진 제공 : 미국 육군)

COLUMN 2

# 열화우라늄

열화우라늄(depleted uranium, DU)은 원자로의 연소봉을 재처리할 때 나오는 부산물인 우라늄238을 말한다. 이 우라늄238에 약 0.7%의 티탄을 섞은 합금을 탄심으로 사용한 것이 열화우라늄탄이다. 열화우라늄탄으로 만든 탄심의 비중은 철의 2.5배, 납의 1.7배다. 포탄의 관통력은 기본적으로 질량과 속도가 늘어난 만큼 강해지므로, 열화우라늄이 철갑탄의 탄심으로서는 가장 적합한 물질이라고 할 수 있다.

그런데 걸프 전쟁에 파병된 병사나 발칸 반도에서 평화유지군으로 활동하던 NATO군 병사들 사이에서 통증, 권태감, 기억장애 등의 증상이 집단적으로 발생했다. 게다가 그들의 자녀나 해당 지역의 신생아 가운데서는 출산 이상, 선천성 장애, 백혈병 등의 증상이 다발했다. 열화우라늄탄이 원인으로 의심되는 이런 특이한 증상은 걸프 전쟁 증후군 혹은 발칸 증후군이라고 부른다.

특히 문제가 되는 것은 가루가 되어 흩어진 우라늄이 체내에 흡수되었을 때다. 세계보건기구(WHO)는 '체내에 들어온 열화우라늄은 95% 이상 배설되고, 혈액에 들어간 경우에도 67%가 24시간 이내에 신장에서 여과되어 소변으로 배출된다'고 밝혔다(세계보건기구 2001년 4월 발표 『열화우라늄: 방사선원, 피폭, 건강에 대한 영향』). 그러나 우라늄은 비소, 카드뮴 등과 마찬가지로 중금속으로서의 성질도 있기 때문에 화학적 독성의 악영향이 크게 의심된다.

하지만 현재로서는 검증할 수 있는 사례가 적기 때문에 열화우라늄이 인체에 미치는 악영향에 관해서 확실히 밝혀진 바는 없다.

## 제 3 장

# M1 에이브람스의 장갑

튼튼한 장갑은 전차만의 특징이라 할 수 있으며,
다른 전투 차량에서는 찾아볼 수 없다. 당연히 장갑의 진정한 성능과 구조는
군사기밀이다. 단순히 장갑을 두껍게 만들기만 하면
방어력이 높아지는 것이 아니다. 장갑은 나름대로의 독특한 방어 기재를 갖고 있다.
이 장에서는 현대 전차에 사용되는 방어 기재를 최대한 상세히 설명한 후,
M1 에이브람스의 장갑에 관해 짚어본다.

시가전 생존성 향상 키트(TUSK)를 장착한 M1A1. 이 전차는 방순(防楯) 위에 동축 기관총을 증설하지 않았다.

# 장갑의 구조
## – 장갑의 기본은 균질 압연강판

지금까지 3세대 전차의 장갑은 복합 장갑이라고 설명했다. 하지만 복합 장갑은 포탑과 차체 전면에만 쓰였을 뿐, 그 외의 대부분은 방탄 강판을 용접한다. 차체는 리벳으로 접합하거나 거푸집으로 주조하는 방법 등으로 형성하는데, 전차가 처음 등장했을 때부터 지금까지 강판을 주재료로 사용하는 것은 변함이 없다. 강철의 장점은 군과 민간을 가리지 않고 널리 사용하는 재료여서 다루기 쉬운 데다, 생산 라인이 잘 정비되어 있어서 비용이 저렴하다는 데 있다.

전차의 장갑에 사용하는 강판은 탄소를 많이 함유한 강철, 즉 탄소강에 니켈, 크롬, 몰리브덴을 첨가한 후 열처리한 것이다. 이를 균질 압연강판(rolled homogeneous armor, RHA)이라고 부른다. 경성(硬性)과 인성(靭性)이 강해서 포탄에 맞아도 쉽사리 부서지지 않는다. 두께를 늘리면 포탄이 장갑 내에 박히도록 할 수도 있다. 또한, 용접이 간편하고 가공하기도 쉽다.

포탄의 철갑 관통력이나 복합 장갑의 내탄성은 균질 압연강판으로 치환했을 때 몇 mm에 해당하는지로 나타낸다. 이때 사용되는 표준적인 균질 압연강판은 미군 규격 MIL-A-12560에 규정되어 있다.※ 예를 들어 포탄의 장갑 관통력은 무한한 두께의 균질 압연강판을 상정하고 포탄이 그 안을 몇 mm 침투할 수 있는지로 나타내는 것이다. 또한, 현재 사용되는 방탄강판은 조성 재료를 바꾸거나 제조 과정을 정밀화함으로써 이 표준적인 균질 압연강판보다 내탄성이 뛰어나다. 하지만 실제 조성과 강도에 관해서는 공개하지 않는다.

※ 미국 철강 협회 규격의 AISI 4340에 해당하는 저합금강이다. 조성은 탄소 0.1%, 크롬 0.3~0.4%, 니켈 0.5%, 몰리브덴 0.07~0.15%, 바나듐 0.1%다.

## 장갑에 인성이 있어야 좋은 이유

### 인성이 없는 경우

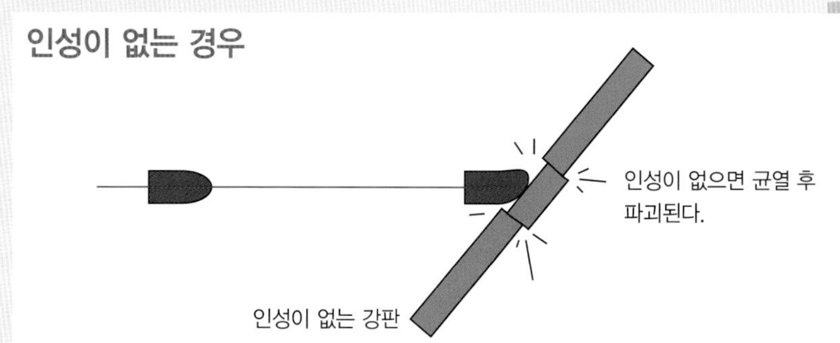


### 인성이 있는 경우

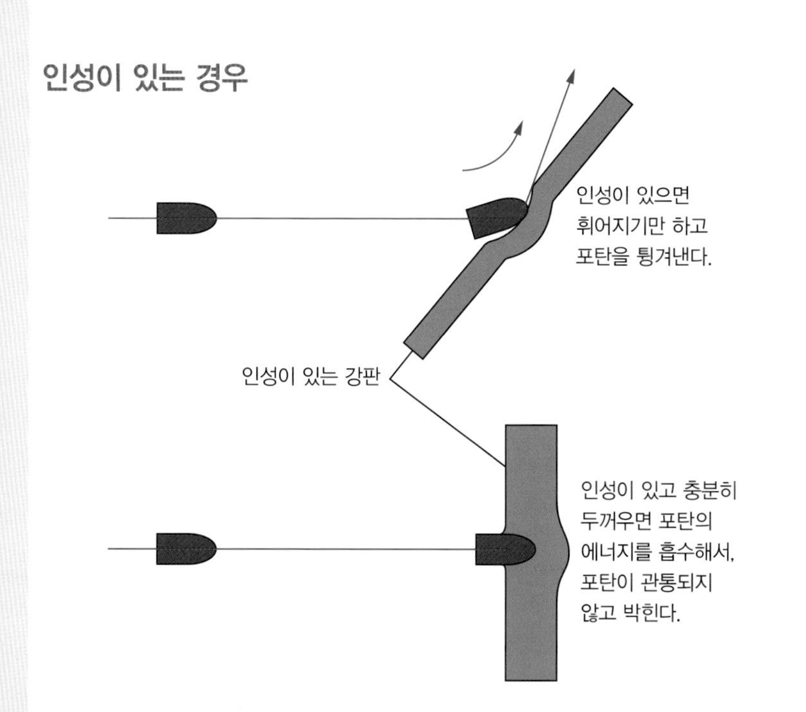

# 경사 장갑과 피탄경화
## – 예전의 전차는 포탄을 튕겨내서 자신을 보호했다

경사 장갑이나 피탄경화는 3세대 전차에는 적용하지 않지만, 예전 장갑에서는 기본 중의 기본이었기 때문에 짚고 넘어가겠다. 경사 장갑은 장갑을 기울여서 실질적 두께를 늘리는 방법이다. 제2차 세계대전 때 소련의 명품 전차 T–34에서부터 본격적으로 도입했다.

두께 $t$의 강판을 각도 $\theta$로 놓으면 수평으로 날아오는 포탄은 실질적으로 $t'$의 두께와 부딪치게 된다. $t'$의 값은 두께 $t$를 $\sin\theta$로 나누어서 구한다. 예를 들어 두께 100mm의 강판을 30도 기울여 설치하면 실질적 두께는 100÷sin30도, 약 200mm가 된다. 그러나 이는 강판을 눕혀야 하기 때문에 같은 면적을 커버하는 수직 장갑과 비교하면 2배가 필요하다. 전차 차체가 꽤나 무거워진다.

얕은 각도로 부딪친 포탄은 에너지가 분산되어 장갑과 평행 방향의 힘에 의해, 미끄러지듯이 튕겨나가게 된다. 납작한 돌을 수면에 수평으로 던지면 물수제비가 나타나는 것과 같은 원리다.

이런 원리를 활용한 설계가 피탄경화다. 제2차 세계대전 후기부터 전후(戰後)에 걸친 2세대 전차까지는 피탄경화 방법을 도입하여 포탑을 둥그렇게 주조했다.

그러나 경사 장갑이나 피탄경화는 모두 날개안정철갑탄 앞에서는 무력하다(50쪽 참조). 그래서 3세내 전차부터 경사 장갑과 피탄경화는 사라졌다. M1 에이브람스나 이탈리아의 3세대 전차 C–1 아리에테의 포탑 전면은 경사져 있다. 이는 중공 장갑의 공간을 확보하기 위해서이지 실질적 장갑 두께를 증대하기 위한 것은 아니다.

## 경사 장갑의 이점

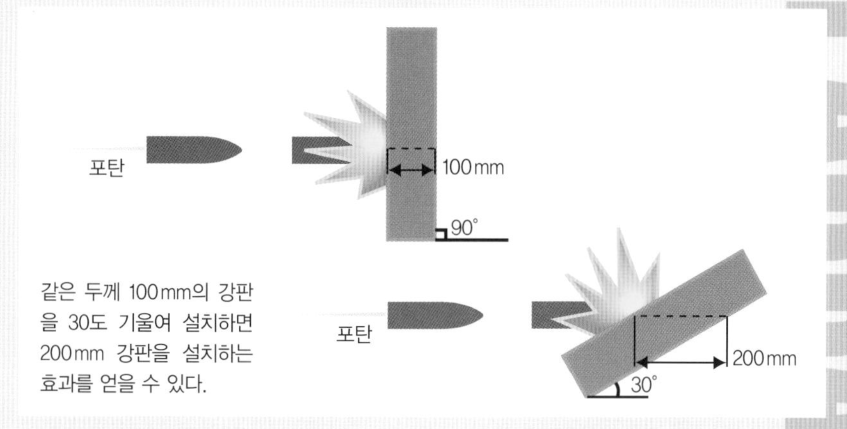


## T-34 중형 전차

제2차 세계대전 때 소련군의 주력 전차. 차체 전면은 두께 45mm의 장갑판을 30도 기울여서 설치하여 90mm의 장갑 효과를 실현했다. 실제로 영국 병기국의 내탄 시험에서도 두께 75mm 수직 장갑판과 동등하다는 평가가 나왔다.

## IS-3 중전차

제2차 세계대전 말기에 등장한 소련군의 중전차. 포탑은 피탄 경화와 정면 면적의 감소를 노려 곡선으로 구성했다. 그 후 전차 개발에 지대한 영향을 미쳤다.

# 중공 장갑
## – 개발 초기의 M1 에이브람스에서도 채택

중공 장갑(space armor)은 성형작약탄에 대응해서 만든 장갑이다. 표면의 얇은 장갑과 안쪽의 공간으로 구성된다. 성형작약탄은 폭발로 일어난 고속의 메탈 제트로 장갑을 파고든다(52쪽 참조). 이 메탈 제트를 형성하려면 최적의 거리(stand off)가 필요하다. 이 거리를 흐트러뜨리기 위해 원래의 장갑 앞에 얇은 장갑을 설치한다. 얇은 장갑에서 성형작약탄을 기폭케 해서 원래의 장갑까지의 거리만큼 메탈 제트의 위력을 떨어뜨리는 것이 중공 장갑의 기본적인 기전(메커니즘, 작동원리)이다.

충돌해서 기폭하는 점착탄※에 의한 충격파의 전달을 저해하는 효과가 있다. 그러나 현재의 대전차 포탄의 주류인 날개안정철갑탄(APFSDS) 같은 운동 에너지탄에 대해서는 효과가 없다. 또한, 모든 방향으로 충분한 공간을 확보하려면 차량 전체가 비대해진다는 결점도 있다.

개발 초기 단계의 레오파르트 2와 M1 에이브람스는 중공 장갑을 채택했었다. 얼마 뒤 영국에서 복합 장갑의 일종인 초밤이 개발되어 포탑과 차체의 전면을 초밤으로 대체했다. 하지만 초밤도 중공 장갑의 공간에 세라믹소재를 넣을 것이기 때문에 중공 장갑의 발전형이라고 할 수 있다.

무한궤도의 바깥쪽에 설치한 사이드 쉴드도 차체 본체에 대한 중공 장갑의 원리를 적용한 것이라고 해석할 수 있다.

※ 장갑 표면에서 폭발해서 폭발의 충격파로 장갑 안쪽을 붕괴시켜, 그 박리된 파편으로 내부의 승무원을 살상하거나 파괴하는 포탄이다. 현재도 영국군에서 사용한다.

## 중공 장갑의 개념

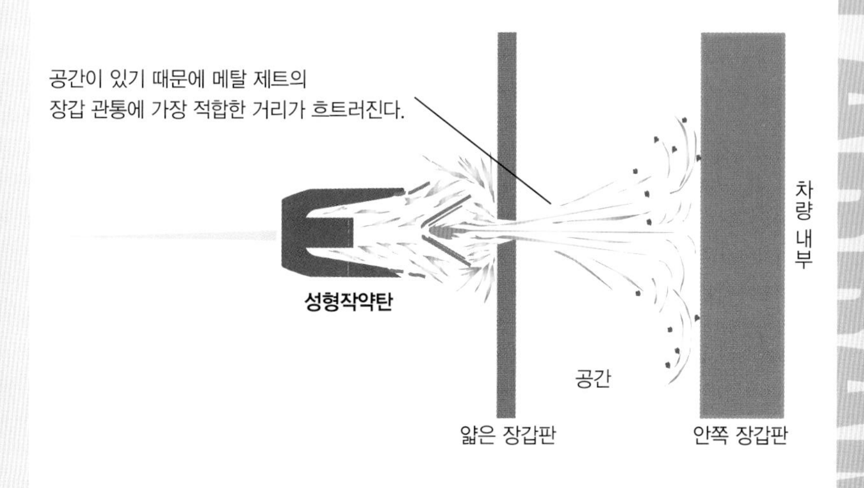

사이드 쉴드를 열어 정비 중인 M1A1. 사이드 쉴드는 무한궤도 너비만큼의 공간을 지니므로, 차체 옆면을 보호하는 중공 장갑으로 볼 수 있다. (사진 제공 : 미국 육군)

# 복합 장갑 ❶
## - M1은 벌링턴 장갑으로 등장

복합 장갑은 지상 전투에서 대전차 미사일이 우위를 차지하려던 시절에 전차를 다시 한 번 '지상의 왕자' 자리에 올려놓는 역할을 했다. 그 이름처럼 여러 소재를 조합해서 만들었다. 각 소재의 특성을 이용해서 경성, 인성, 내충격성, 내열성 등 장갑 전체의 내탄성을 향상시켰다. 사용하는 소재는 파인세라믹, 강화 섬유, 중금속 등이다. 모든 공업 재료가 대상이 되므로 의외의 소재가 사용되기도 한다.

1966년, T-64에 복합 장갑을 처음으로 적용했다. 매우 초보적인 복합 장갑이었다. 포탑 전면을 120mm의 주조 장갑, 150mm의 유리섬유, 40mm의 주조 장갑 등 3층으로 구성했다. 그리고 운동 에너지탄에 대해 450mm, 화학 에너지탄에 대해 900mm의 내탄성(모두 RHA로 환산)을 발휘한다. 훗날 이 장갑의 정보를 얻은 서방측은 K 포뮬러(Kinetic Energy Formula: 운동 에너지 방식)라고 불렀다.

이어서 영국의 초밤 전투 차량 연구소가 초밤을 복합 장갑으로 개발해서 실용화했다. 초밤은 세라믹 장갑을 방탄강판 사이에 끼운 것으로 추측된다. 개발에 성공한 사실이 발표된 때는 1976년이지만, 기술 정보는 1965년과 1968년에 미국 측에 흘러들었다. 그리고 그 정보를 토대로 미국의 탄도 조사 연구소가 개발한 것이 벌링턴 장갑이다.

M1 에이브람스는 벌링턴 장갑을 장착해서 등장했다. 이 장갑은 성형작약탄에 대한 방어를 중시하며 화학 에너지탄에 대해 700mm의 내탄성을 보였지만, 운동 에너지탄에 대해서는 350mm의 내탄성밖에 지니지 못해 방탄강판과 커다란 차이가 없다.

세계 최초로 복합 장갑을 장착한 소련의 T-64 중형 전차. 유리섬유를 봉입했을 뿐인 단순한 구조였지만, 두께 310mm의 포탑 전면에서 900mm(대HEAT, RHA 환산)의 내탄성을 지녔다.

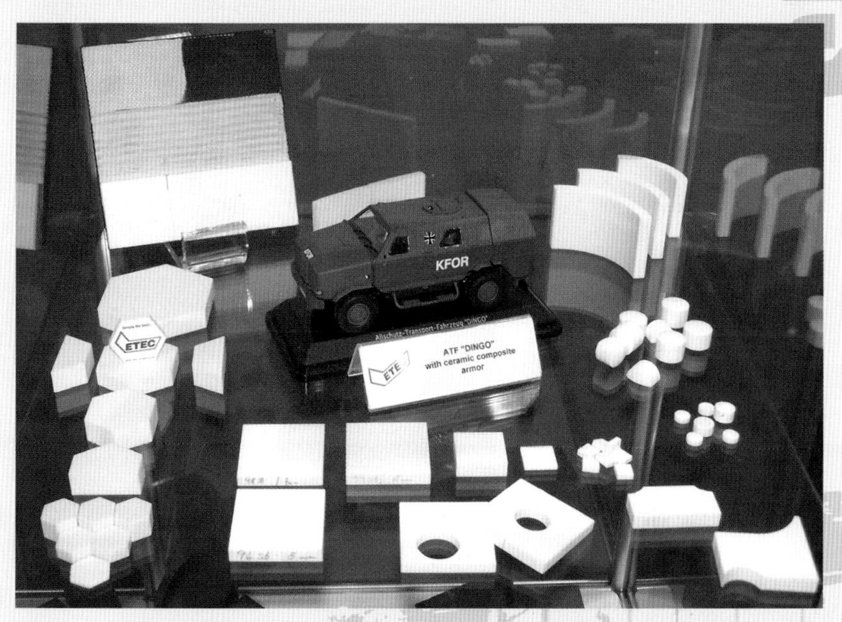


방위산업 전시회 IDET 2007에 전시된 독일 ETAC의 세라믹 타일. 중량형 복합 장갑에 사용된다. 장갑차 모형 뒤에는 세라믹 1층, 복합재 3층의 복합 장갑 적층 모델이 전시되었다.

# 복합 장갑 ❷
## – M1A2는 내부 장갑에 열화우라늄을 사용

날개안정철갑탄의 관통체와 성형작약탄의 메탈 제트는 모두 초고압으로 장갑을 뚫고 나아간다. 그리고 세라믹층(혹은 중금속층)에 들어간 이후로는 초고압 관통 방법이 더 이상 적용되지 않고 운동 에너지로 밀고 나간다는 성질도 동일하다. 다만, 날개안정철갑탄의 관통체가 더 큰 질량을 지니므로 뚫고 나아가는 거리가 크다. 이것이 복합 장갑에서 날개안정철갑탄의 관통 거리와 성형작약탄의 관통 거리가 크게 차이 나는 이유다.

M1이나 M1A1은 방탄강판에 세라믹 타일을 겹치는 방법을 채택했다고 추정된다. 이 형태는 고속의 성형작약탄에 대해 매우 효과적이다. 그러나 그보다 속도가 느린 운동 에너지탄의 경우, 세라믹 특유의 균열이 발생하면 강도가 뚝 떨어진다.

그래서 관통체에 대한 대책으로서 튼튼하게 만든 금속제의 틀 속에 세라믹 소재를 고압으로 봉입한다. 이는 관통체가 뚫은 구멍을 되밀어서 관통 과정에 저항하는 기능을 한다. 관통체 자체를 완전히 마모시키는 구속 세라믹 장갑도 고안되었다.

M1A1 HA 이후에는 열화우라늄 합금으로 만든 메시와 세라믹을 금속 케이스에 수용한 장갑 패키지를 장착했다. 다만, 이 장갑 패키지는 압력을 주어 봉입하지는 않았다. 내탄성은 포탑 전면에서 940~960mm(운동 에너지탄), 1,320~1,620mm(화학 에너지탄)다. 열화우라늄 장갑은 비교적 저렴한 데다 높은 내탄성을 지녔지만, 매우 무거워서 기동성과 운용성에 문제를 일으킨다.

## 메탈 제트가 세라믹 장갑 내부에서 움직이는 모습

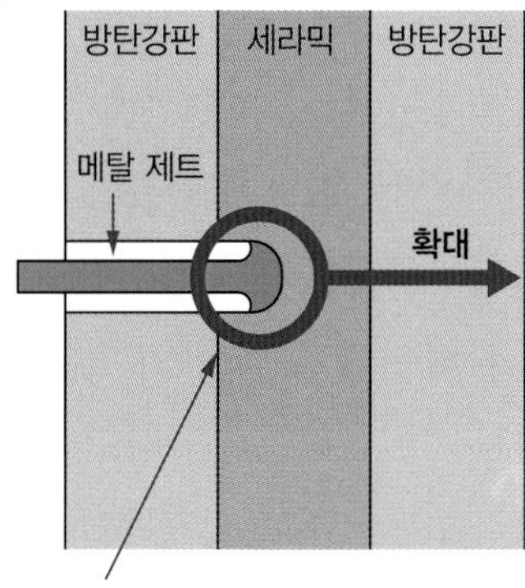


빛이 공기 중에서 물속으로 들어갈 때 굴절하듯이, 밀도와 특성이 크게 다른 소재에 침입할 때는 관통체에 커다란 저항력이 작용한다.

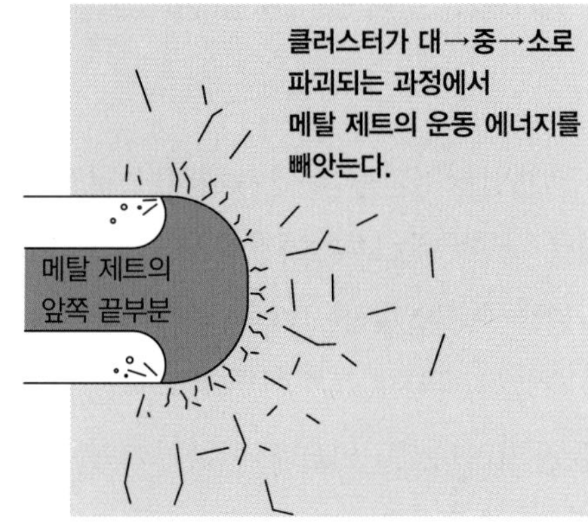


파괴된 세라믹 조각이 메탈 제트의 배출 방향에 섞임으로써 메탈 제트의 관통을 저해한다.

※ 금이 가는 속도보다 메탈 제트의 속도가 빠르다. 따라서 금이 가서 생긴 클러스터를 손상되지 않은 세라믹이 지탱한다. 세라믹의 압축강도는 철의 10배 이상이다.

## 구속 세라믹 장갑이 관통을 저해하는 구조

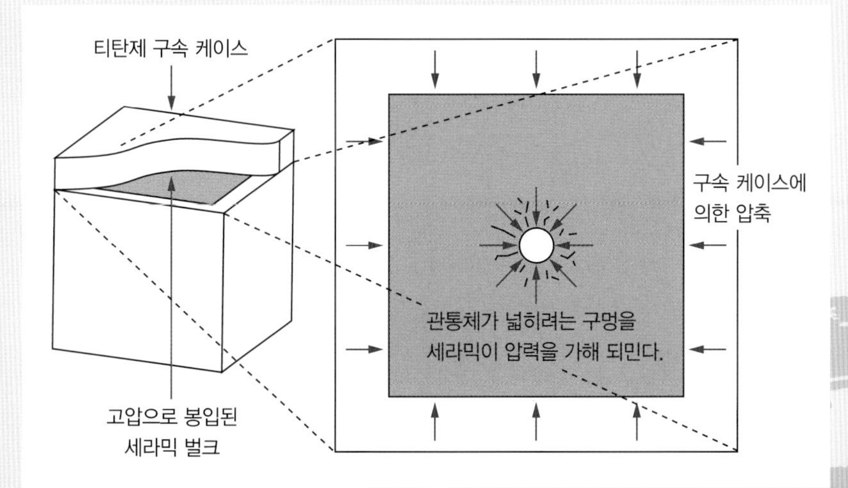

# 폭발 반응 장갑
## – M1은 시가전 생존성 향상 키트를 장착

폭발 반응 장갑(explosive reactive armor, ERA)은 작은 상자 모양이며, 대성형작약탄용 보조 장갑이다. 여러 개를 차체나 포탑 표면에 나란히 장착한다. 폭발 반응 장갑은 1949년에 소련의 철강 화학 연구원에서 생각해냈다. 1960년대에 실용화 직전 단계까지 이르렀지만, 사고가 많다는 등의 몇 가지 이유로 연구가 중단되었다가 1974년에서야 연구가 재개되었다. 1970년에 서독의 다른 연구자가 이와 동일한 장갑에 관해 특허를 취득했고, 이스라엘이 레바논을 침공(1982년)할 때 처음으로 실전에 사용했다. 폭발 반응 장갑은 당초의 견해대로 대전차 미사일이나 로켓 추진 유탄(RPG)의 성형작약탄두를 무력화해서 그 효과를 증명했다.

폭발 반응 장갑은 2장의 강판 사이에 폭약을 끼워놓고 충돌의 압력으로 기폭한다. 폭발로 날아가는 쪽 강판이 고속으로 성형작약의 메탈제트를 가로지름으로써 관통력을 줄인다. 또한 이러한 현상을 응용해서, 날아가는 강판의 질량을 더욱 크게 해서 철갑탄의 관통체도 밀어낼 수 있도록 발전했다.

그런데 폭발 반응 장갑은 전차의 방어 수단으로서는 효과적이지만, 엄호 보병이나 장갑이 없는 보통의 차량에 피해를 입힐 수 있다. 그러므로 장착하는 위치를 차체의 정면에만 한정하거나, 보병의 위치를 조정하기로 한다. M1 에이브람스는 시가전에서 생존성을 향상하기 위해 폭발 반응 장갑 XM19를 차체 옆면에 ARAT Ⅰ(Abrams Reactive Armor Tiles Ⅰ: 에이브람스 반응 장갑 타일 Ⅰ형의 약자)이라는 이름으로 64개 장착했다.

## 폭발 반응 장갑의 개념

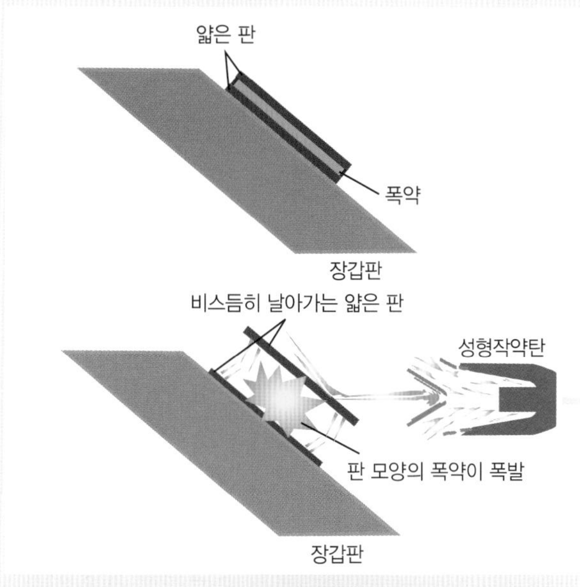

T-72 전차에 장착된 폭발 반응 장갑 DYNA. 내부를 보여주기 위해 모서리를 절개했다. 2중 각 파이프 사이에 하얀 작약이 충전된 구조가 보인다.

신생 이라크 육군의 T-72(오른쪽)와 나란히 달리는 M1A1 TUSK(왼쪽). 측면 장갑(스커트) 대신에 옆면에 부착한 상자 모양의 물건이 폭발 반응 장갑이다.
(사진 제공 : 미국 육군)

# 내부 장갑
## – 차내의 승무원을 보호하는 최후의 보루

포탄이 관통하면 차량 안쪽으로 파편이 튄다. 성형작약탄인 경우에는 관통한 구멍으로 메탈 제트가 되지 못한 금속 파편(슬러그)이 고온 가스와 함께 밀려 들어온다.

아무런 대책을 취하지 않으면 파편이 구멍을 통해 스프레이처럼 비산되므로 큰 피해가 발생한다. 그러나 안쪽에 파편을 막는 장갑을 설치하면, 탄도의 직선상에 있는 승무원이 직격당하는 것은 어쩔 수 없다 치더라도, 그 주변의 승무원은 피해를 입지 않을 수 있다.

장갑 이면에서 발생하는 박리물(spall)을 차단해서 승무원을 보호하는 것이 스폴 라이너(spall liner), 파편이 비산(splash)하는 각도를 줄여 피해 범위를 한정하고 생존성을 향상하는 것이 스플래시 라이너(splash liner)다. 이 둘은 모두 내부 장갑으로 분류된다. 적용 방법은 동일하지만 그 효과의 방향성이 다를 뿐이다. 또한, 대형 포탄이 직격했을 때 생기는 충격파가 차내로 전달되는 것을 방지하는 효과도 있다. 라이너라는 말 때문에 혼동할 수 있지만, 두께는 무려 20~50mm나 된다.

내부 장갑으로는 아라미드 섬유를 포갠 섬유 강화 플라스틱(FRP)이 흔히 쓰이지만, PBO(poly–phenylene benzobisoxazole) 섬유,※ 초고분자량 폴리에틸렌판※※ 등 고성능 재료가 실용화된다면 상당한 내탄성도 기대할 수 있다.

※ 자일론이라고도 한다. 유기계 섬유 가운데 최고 수준의 인장강도와 탄성률을 지닌다.

※※ UHMW–PE라고도 표기되는 플라스틱이다. 나일론수지 이상의 내마모성를 보이며, 플라스틱 가운데 최고의 충격강도를 지닌다.

## 내부 장갑의 개념(성형작약탄의 경우)

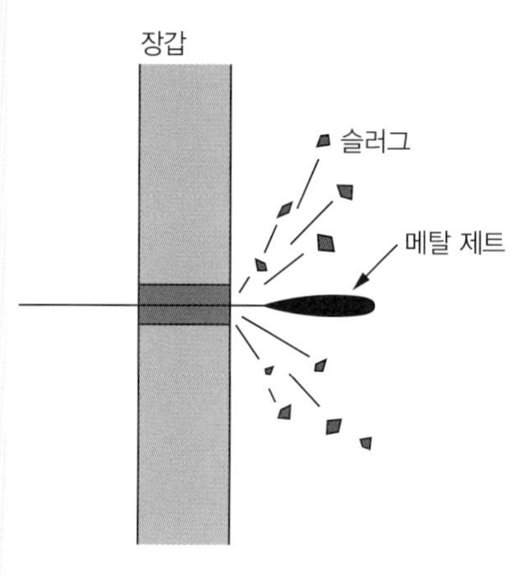


아무런 대책을 취하지 않으면, 관통되는 동시에 구멍으로 고온의 폭풍이나 슬러그가 밀려 들어와 차내의 넓은 범위에 피해를 입힌다.

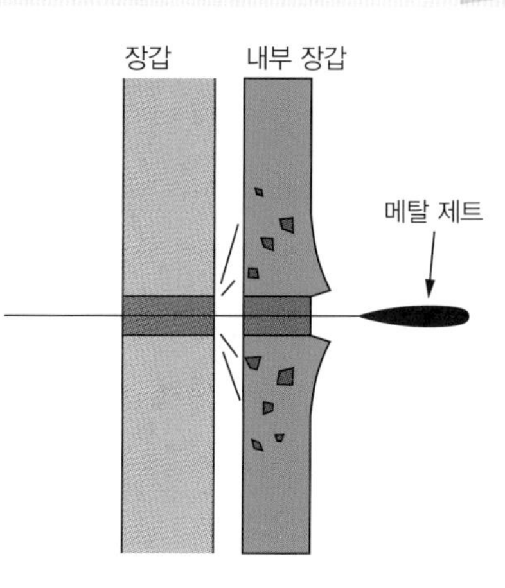


내부 장갑을 설치하면, 관통은 막을 수 없지만 구멍으로 빨려 들어오는 슬러그나 폭풍은 내부 장갑에 흡수된다. 피해는 메탈 제트가 나아가는 직선상에 한정된다.

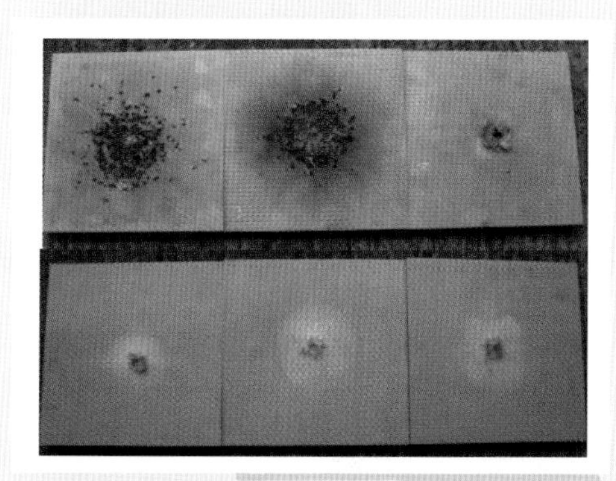

내부 장갑을 본장갑에서 떨어뜨린 거리로 비교한 사진. 오른쪽부터 0mm, 50mm, 100mm다. 위쪽이 본장갑의 바깥쪽, 아래쪽이 본장갑의 안쪽이다. 모든 경우에 관통되었지만 파편은 잘 막아냈다. (사진 제공 : DTIS)

# 철망 장갑
## – M1 에이브람스에서도 이용할 수 있다

철망 장갑은 새장 장갑(cage armor)이라고도 한다. RPG-7 같은 로켓 추진 유탄에 특화된 중공 장갑이다. 탄두보다 약간 작은 간격으로 격자를 만들어 차체에서 50cm 떨어뜨려 설치한다. 탄두가 날아와도 격자 사이에 끼면 신관이 작동하지 않아 불발로 끝낼 수 있고, 격자에 충돌해 신관이 작동하더라도 차량 본체에서 충분히 떨어져 있으므로 폭풍 피해만 입는다. 로켓탄 공격에 대해 매우 효과적이고 가벼우며 저렴한 장비다.

이라크와 아프가니스탄에서의 RPG 위험은 대부분 철망 장갑으로 방어할 수 있으므로, 그 지역에서 활동하는 장갑차는 모두 장착하였다. 아프가니스탄에 전개한 캐나다군의 레오파르트 2는 정면 이외의 바깥 둘레를 철망 장갑으로 덮었고, 이라크에 전개한 영국군의 챌린저 2는 차체와 포탑 후반 부분에 철망 장갑을 추가했다. M1 에이브람스도 시가전 생존성 향상 키트에서 엔진의 배기 그릴 전체를 덮기 위해 철망 장갑을 증설할 예정이었지만, 실제로 장착된 차량은 눈에 띄지 않는다.

비슷한 장갑으로는 이스라엘이 사용하는 체인 커튼이 있다. 끝에 추가 달린 수많은 체인을, 차체에서 어느 정도 떨어진 위치에 매다는 것이다. 이때 체인은 철망 장갑의 금속 격자와 동일한 기능을 한다. 이스라엘의 전차 메르카바는 포탑 뒷부분의 아래쪽 바깥 부위에 체인 커튼을 치렁치렁하게 매달아서 포탑 기부를 로켓 추진 유탄으로부터 보호한다.

미국 육군의 스트라이커 장갑차. 전체 둘레에 철망을 설치했다. (사진 제공 : 미국 국방부)

이라크의 영국 육군 챌린저 2. 차체와 포탑 앞쪽 절반은 폭발반응 장갑, 뒤쪽 절반은 철망이다. (사진 제공 : 미국 육군)

이스라엘 국방군 메르카바 Mk.4의 포탑 뒷부분. RPG에 대응하기 위해 포탑 바닥 바깥둘레에 체인을 매달았다.
(사진 제공 : israeli-weapons.com)

# 포탑은 왜 둥글지 않은가?
## – 세라믹은 둥글게 가공할 수 없다

둥그스름한 포탑은 피탄경화(86쪽 참조)를 추구하는 형태다. 그러나 날개안정철갑탄의 등장으로 1~2세대 전차의 둥그스름한 포탑은 3세대에 이르러 모두 평면으로 바뀌었다.

승용차는 어느 정도 유행을 고려해서 디자인하겠지만, 전차는 장갑기술의 변천에 따라 형상이 결정된다(사실 전차 디자인도 일종의 유행으로 볼 수 있다). 3세대 전차의 포탑 디자인은 장갑 기술의 핵심인 파인세라믹의 제조 · 가공 기술에 좌우된다.

장갑으로서 사용할 수 있는 품질과 크기를 겸비한 세라믹을 양산하려면 높은 기술이 요구된다. 소재로서의 세라믹은 금속보다 훨씬 큰 강도를 지니지만, 둥근 모양으로 가공할 수는 없다. 또한, 경사를 주면 면적이 늘어나므로 비용도 증가한다. 이것이 바로 포탑을 단순한 평면으로 구성하는 이유다. 세라믹 장갑은 세라믹을 고압으로 캡슐에 봉입해야 하는 기술적 어려움이 있다.

그런 관점에서 보면 미국은 열화우라늄 합금과 세라믹을 1기압 상태에서 봉입한 장갑 패키지를 장착했다. 1996년경부터 장갑용 세라믹의 개발에 예산을 투입해본 것으로 보아 고강도 세라믹의 개발이 순조롭지 않다고 유추할 수 있다. 또한, 프랑스는 세라믹을 봉입한 캡슐을 모자이크 모양으로 배치한 모듈러 장갑을 장착했는데, 이를 뒤집어보면 세라믹 패널을 크게 제조할 수 있는 기술이 없다는 사실을 시사한다.

피탄경화를 위해 포탑을 둥글게 만든 T-62. (사진 제공 : 미국 국방부)

M1A2. A1(HA) 이후, 열화우라늄 합금과 세라믹을 조합한 장갑 패키지를 장착했다.
(사진 제공 : 미국 육군)

# 능동 방어-소프트 킬
## - 적의 눈을 속여 자신을 보호한다

날아오는 포탄을 미리 막는다면 당연히 방어력이 높아질 것이다. 대전차 미사일의 유도 과정에 개입해서 미사일을 무력화하여 방호하는 방법을 소프트 킬(soft kill)이라고 한다. 대전차 미사일은 육안에 의한 유선 유도, 열영상에 의한 유도, 레이저 밀리파에 의한 유도 등 세 종류가 있다.

레이저 밀리파에 의한 유도의 경우, 탐색 · 조준을 할 때 레이저(밀리미터파)를 조사하여 표적에서 반사하는 반사파를 따라 미사일이 날아간다. 이때 미사일에 교란파를 쏘면 미사일을 엉뚱한 방향으로 가게 할 수 있다. 유선 유도나 열영상 유도의 경우, 거리를 측정할 때 조사되는 레이저를 탐지하면 연막을 방출해서 전차를 연기로 뒤덮는다. 연기는 가시광선뿐 아니라 적외선까지 감추므로 적외선 탐지기로 표적을 탐지 · 추적할 수 없게 된다.

또한, 이라크 전쟁(2003년)의 미국 해병대의 M1A1의 AN/VLQ-8A 미사일 방해 장치는 적외선을 흩뿌림으로써 유선 및 열영상 유도 미사일을 무력화한다. 포탑 윗면 왼쪽에 고정된 사각형 상자가 AN/VLQ-8A다.

다만, 적외선 방해 범위는 장치의 정면에서 좌우 40도, 상하 12도에 불과하다. 게다가 연막 발사기와의 연동 기능이 없으므로 적외선 레이저 유도 미사일에만 대처할 수 있다(적외선을 사용하지 않고 육안으로 추적하는 유도 미사일에는 대응할 수 없다). 무엇보다 적외선 플래시를 켜므로 더욱 눈에 잘 띈다는 단점이 있다. 전투 종결 후 전차에서 제거한다.

포탑 윗면 왼쪽에 달린 주황색 상자 모양이 미사일 방해 장치다. (사진 제공 : 미국 국방부)

우크라이나의 3세대 전차 오플로트 M. 세계 최초의 미사일 방해 장치 TShU-1-7 쉬토라(Shtora) 1을 장착했다. 화살표는 이 장치의 적외선 재머다. 유선 유도 미사일과 적외선 레이저 유도 미사일에 대응할 수 있다. (사진 제공 : KMDB)

# 능동 방어-하드 킬
## - 공격을 유인해서 저지하는 시스템

소프트 킬은 대전차 미사일에는 효과가 있지만, 로켓 추진 유탄처럼 유도 장치가 없는 대전차 무기에는 전혀 효과가 없다. 그래서 날아오는 탄두를 탐지하고 격추하는 시스템을 생각해냈다. 격추 방법은 소형 레이더로 감지하고 산탄이나 유탄 등의 대항 수단을 발사해서, 본체에 영향이 없는 약 30m의 거리에서 파괴하는 것이다. 현재 실용화된 장비들은 탐지부터 격추까지 0.1초 이하가 걸리고, 격추 성공률은 90% 이상의 성능을 지닌 것도 있다. 게다가 무겁고 빠른 철갑탄의 관통체를 격추할 수 있는 시스템도 개발 중이다.

러시아, 우크라이나, 이스라엘 등이 능동 방어 시스템을 개발하는 데 힘을 쏟고 있다. 러시아는 소련 시절인 1983년에 세계 최초의 능동 방어 시스템인 드로스트(Drozd)를 장착한 T-55AD를 개발했다. 그 후속 시스템인 아레나(Arena)는 T-80UM 전차나, 한국의 최신예 전차 XK-2 흑표에 장착했다. 이스라엘은 2006년 레바논 침공 때 대전차 미사일과 로켓 추진 유탄에 의해 큰 피해를 입었기 때문에, 작전 직후에 라파엘사의 트로피 시스템(trophy system)을 장비하기로 결정했다.

다만, 능동 방어 시스템이 작동하면 폭발 반응 장갑처럼 엄호 보병에게 피해를 줄 수 있는 데다, 탐지를 위해 레이더를 작동시켜 전파를 발사하면 자신의 존재가 적에게 알려질 위험도 있다. 따라서 장갑에 자신감이 없거나, 전파 탐지기를 보유하지 않는 게릴라를 상대로 할 때만 능동 방어 시스템을 운용한다. 미국에서는 M1 전차보다는 장갑이 얇은 스트라이커 장갑차에 장착할 것을 고려한다.

## 장래형 전투 차량에 설치할 능동 방어 시스템의 개념

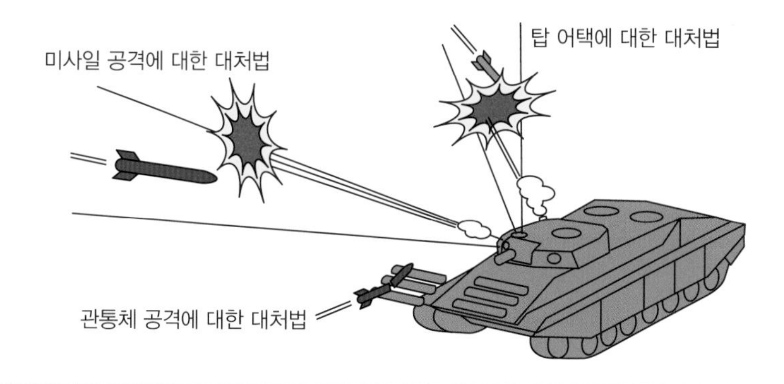


## 트로피 시스템의 연속 사진

이스라엘 라파엘사의 트로피 시스템이 로켓 추진 유탄을 격추하는 연속 사진. 소형 레이더로 탄체를 포착하고 산탄을 발사해서 격추한다. (사진 제공 : 라파엘)

# 연막탄 발사기
## – 연막으로 적의 눈을 속인다

연막을 피워 적의 시야에서 모습을 감추면서 전투 현장을 이탈하거나 보병의 진격을 지원할 때, 또는 능동 방어 체계와 연동해서 미사일을 회피하고자 할 때 연막탄을 발사한다. 대부분 여러 개를 묶어서 포탑의 옆면에 장착한다. 연막탄 외에 대인용 산탄, 폭도 진압용 음향탄 등을 발사할 수도 있다. 그러나 M1 에이브람스는 연막탄만 운용한다.

M1 에이브람스의 발사기는 육군용 M250과 해병대용 M257 두 종류다. M250은 한쪽에 6발이며, 전방 정면을 0도로 삼았을 때 5~55도 사이를 10도 단위로 지향한다. 발사 버튼은 전차장 패널에 2개 있는데, 버튼 1개를 누르면 한쪽에 3발씩 6발이 발사된다. 버튼 2개를 동시에 누르면 양쪽 12발이 전부 발사된다. 비거리(飛距離)는 30m다. 해병대의 M257은 한쪽에 8발이며 5도, 25도, 35도, 52도 등 네 방향으로 2발씩 지향한다. 발사 패턴은 M250과 동일하다. 버튼 1개를 누르면 한쪽 4발씩 8발이 발사되고, 버튼 2개를 동시에 누르면 양쪽 16발이 전부 발사된다. 비거리도 동일하다.

장전할 수 있는 탄의 종류는 L8A1/A3 연막탄, M76 채프탄, M82 훈련탄이다. 대개 붉은인(적린)과 부틸고무를 혼합한 L8A1/A3 연막탄을 장전한다. 연막탄은 발사하고 나서 8초 후에 발화되고 붉은인이 연소하면서 오산화인의 하얀 연기가 발생한다. 이 연기는 가시광선뿐 아니라 적외선에 대해서도 은폐 효과가 있다. A1은 2분, A3은 4분 동안 발연한다. 또한, 붉은인과 연기에는 독성이 거의 없다. M76 채프탄은 가느다란 알루미늄 실을 공중에 뿌려 45초간 지속된다. M82 훈련탄은 산화티탄 분말을 넣어 발사하는 감각을 훈련할 수 있도록 한다.

이라크 바그다드 시내를 경계하는 M1A1. M257 연막탄 발사기를 장착했다.
(사진 제공 : 미국 육군)

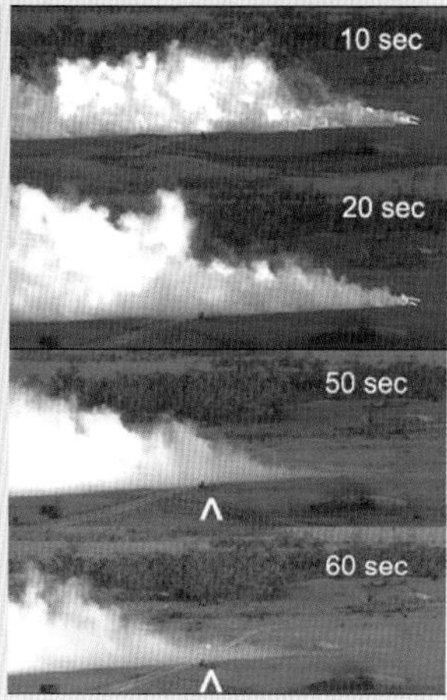


M1A1에서 연막탄 6발을 발사하는 연속 사진.
(사진 제공 : 미국 국방부)

넓게 퍼진 연막을 적외선 카메라로 본 영상. 사람의 눈은 물론 적의 적외선까지 속일 수 있다.

왼쪽 위 : 가시광선
오른쪽 위 : 장파장 원적외선 전방 감시 장치
왼쪽 아래 : 장파장 원적외선 조준기
오른쪽 아래 : 중파장 근적외선
(사진 제공 : 미국 국방부)

# 피아 식별 장치
## – 아군끼리의 오인 사격을 피하기 위한 연구

1991년 걸프 전쟁의 지상전에서는 아군끼리의 오인 사격이 수없이 많았다. 지상 상황은 지형과 날씨에 크게 좌우되는 데다, 예상외의 원거리 전투가 벌어진 것이 문제였다. 적외선 센서를 강화하더라도 최종적인 판단은 육안으로 해야 하기 때문에 아군끼리의 오인 사격을 완전히 막을 수는 없었다. 그래서 1992년 12월부터 피아 식별 장치를 개발하기 시작했다.

지상전투 상황에서 쉽게 운용할 수 있도록 하이테크 기기를 사용하지 않고 손쉽게 취급할 수 있어야 했다. 그렇게 해서 통합된 전투 식별 장치의 일환으로, 적외선 카메라를 사용하여 식별할 수 있는 두 가지의 피아 식별 장치를 개발했다.

그중 하나는 피아 식별 패널(combat identification panel, CIP)이다. 크기는 610×762mm이며, 알루미늄판 패널에 열을 흡수하는 테이프를 붙인 것이다. 이 패널은 열선 카메라를 통해서 보면 판 부분만 차가운 검은색 사각형으로 표시된다. 다만, 적군도 열선 카메라로 보면 피아를 금방 판별할 수 있으므로, 이 패널은 필요에 따라 붙였다 뗐다 하는 착탈식이다. 이 패널에 붙이는 테이프는 먼지가 쌓이거나 조금이라도 떼어지면 효력이 떨어지므로 항상 깨끗하게 관리해야 했다.

다른 하나의 피아 식별 장치는 상공에서 식별하기 위한 열 식별 패널이다. 크기는 1.22m의 정사각형이다. 바깥쪽은 모래색이며, 안쪽은 야광 주황색이다. 차량 천장 등에 붙여서 사용한다. M1 에이브람스는 이 패널을 포탑 뒤쪽의 버슬 윗면에 둔다. 이것도 열선 카메라를 통해서 보면 검은색 사각형으로 보인다.

포탑 옆면에 빨래판처럼 생긴 판이 피아 식별 패널이다. 양옆과 뒤쪽에 부착한다.

(사진 제공 : 미국 국방부)

피아 식별 패널은 포탑 전면에도 부착하지만, 효과가 낮기 때문에 전투 종결 후에는 얼른 떼어낸다.

(사진 제공 : 미국 국방부)

# NBC 방호
## – '추악한 무기'로부터 승무원을 보호한다

현대전에서는 화생방(NBC) 무기가 사용된 상황에서도 활동할 수 있는 전차가 필요해졌다. **NBC 방호 장비는 현대의 장갑 전투 차량의 표준**이 되었다. 핵전, 생물전, 화학전에 대처하는 방법은 모두 동일하다. 승무원이 오염된 공기를 접촉하거나 마시지 않도록 하는 것이다. 차량에 NBC 방호 대책이 없는 경우에는 방호복을 입고 필터를 부착한 마스크를 써야 하는데, 이러면 활동하기가 매우 불편해진다.

그래서 전차의 NBC 방호 대책은 외부 공기를 여과해서 차내에 들이고, 그 공기를 호스 부착 마스크와 베스트를 통해 개개인에게 공급하는 방법을 채택했다. 동시에 외부 공기가 들어오지 않도록 차내의 공기압을 외부보다 높게 여압한다. 이것은 일종의 에어컨이라 할 수 있다. 온도를 관리하는 것이 아니다. 히터는 달려 있지만 중동에서 활동하는 전차를 제외하고는 쿨러가 없다.

현대 전차는 NBC 방호장비가 표준 장비이지만, 초기의 M1 에이브람스는 NBC 방호를 위한 에어컨이 없었다. M1A1부터 에어컨을 장착하기 시작했으며, 차체 왼쪽에 에어컨 유닛을 설치해서 조종석 왼쪽 후방의 NBC 필터에 공기를 공급한다. M48 NBC 필터는 5,663L/min의 여과 능력을 지니고, 이를 보조하는 AN/VDR-2 방사능 검지기와, 화학무기용으로 M43A1 검지기를 운용한다. 또한, 전자 기기를 강화한 M1A2 SEP에서는 열 폭주에 의한 다운을 막기 위해 냉각 능력을 7.5kW로 강화한 에어컨 유닛을 포탑 뒷부분의 장구함에 실었다.

## NBC 방호 장치

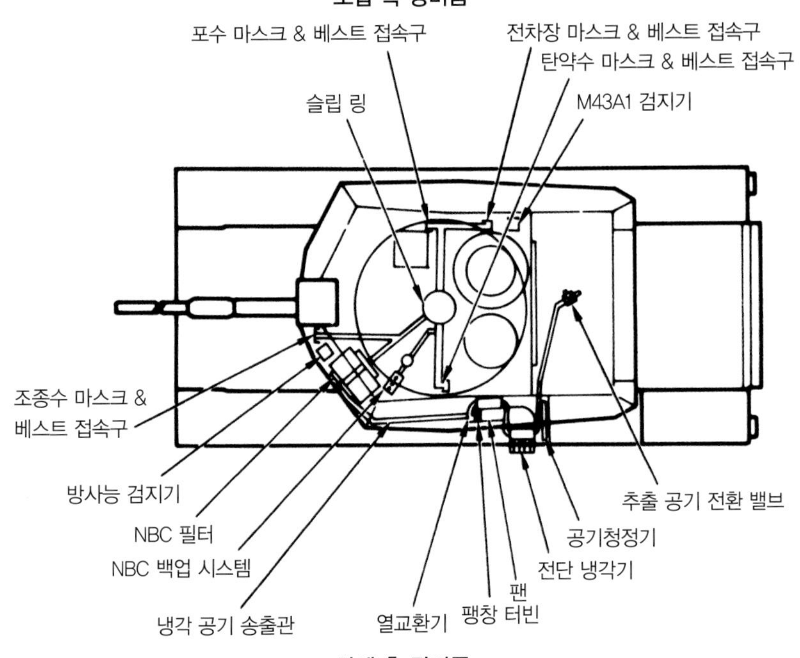

차체 왼쪽 면의 슬릿이 에어컨 흡기구다. (사진 제공 : 미국 해병대)

# 사주경계
## – 시가전 생존성 향상 키트 계획을 개시

이라크 전쟁(2003년) 이후 M1 에이브람스는 간이 폭탄에 의한 원격 공격, 로켓 추진 유탄을 사용한 매복 공격, 그리고 자폭 테러 등 새로운 위협에 직면했다. 특히 늘어선 건물들 때문에 원하는 대로 움직일 수 없는 도시에서는 방어력을 재검토해야 할 정도로 피해를 입었다. 그리고 2004년부터 시가전 생존성 향상 키트(tank urban survival kit, TUSK) 계획을 시작했다. 사방 감시 능력과 승무원 방호 능력을 강화하는 것을 요점으로 하여 다음과 같이 개조했다.

- 폭발 반응 장갑 ARAT Ⅰ을 장착
- 탄약수 기관총에 열영상 카메라 & 디스플레이와 방탄 쉴드 장착
- 보병과 차내를 연결하는 외부 전화를 차체 뒷면에 장착
- 조종수용 적외선 카메라 & 디스플레이 설치
- 방순 위에 대저격수/대물 기관총 장착
- 원격 조작할 수 있는 열선 카메라 설치
- 차체 아랫면에 복부 장갑 장착
- 대전차 지뢰로부터 방호하는 조종수 좌석 설치
- 증가하는 전원 수요에 대응하는 차내 전원 배분기(콘센트) 설치

이렇게 개조하려면 현지 수리 공장에서 약 12시간이 소요된다. 2007년부터 현지에서 개조를 시작해서 이라크에 전개한 M1 에이브람스 560대 모두에 적용할 작정이었다. 그러나 개조에 필요한 자원이 충분히 마련되지 않아서 차량마다 개조 사안이 다르고, 원격 조작식 열선 카메라는 전차장용 기관총 마운트에 설치하는 것으로 변경되었다.

## 계획 당시의 시가전 생존성 향상 키트 개조 내용

(사진 제공 : GDLS)

최초로 시가전 생존성 향상 키트를 설치한 차량. 이라크 현지에서 개조했다. 사진의 차량은 M1A1 AIM을 토대로 개조되었다. 탄약수용 방탄 쉴드에는 높은 방탄유리가 달렸다. (사진 제공 : 미국 육군)

# 시가전 생존성 향상 키트의 상세한 내용
## – 승무원을 보호하는 여러 가지 장비

시가전 생존성 향상 키트의 주된 내용을 아래의 표로 정리했다. 시가전 생존성 향상 키트는 Ⅰ, Ⅱ, Ⅲ으로 전개한다. Ⅱ는 이미 실제 차량에 적용되었다.

### 시가전 생존성 향상 키트의 상세한 내용

| 시가전 생존성 향상 키트 Ⅰ | |
|---|---|
| ARAT Ⅰ | ARAT은 Abrams reactive armor tiles의 약자다. 폭발 반응 장갑이다. 제식명은 XM19다. 차체 옆면에 16개를 2열로 나란히 장착한다. |
| 탄약수용 열영상 카메라 & 디스플레이 | 탄약수용 기관총 위에 카메라를 설치하면 그 영상이 차내와 탄약수의 고글에 비친다. 이는 보병에게 정보 단말기와 센서를 장비하는 랜드 워리어(land warrior) 계획에서 파생된 장비다. |
| 외부 전화 | 차체 뒷부분 오른쪽에 상자를 설치하고 그 안에 푸시 투 토크(push to talk)식 송수화기를 넣는다. 전화를 연결하면 차내의 모든 승무원과 대화할 수 있고, 차량과 무선으로 연결되어 있는 지휘소나 전방 항공 통제기 등과도 교신할 수 있다. |
| 조종수용 열선 카메라 & 디스플레이 | 조종수용 잠망경에 설치해서 사용한다. 열선 카메라에 크기 10.4인치, 해상도 800×600도트의 액정 화면을 설치한 형태다. 시야는 수평 31.5도, 수직 42.2도이며, 탁 트인 환경에서는 1,790m 앞까지, 먼지가 날리는 환경에서는 190m 앞까지 정지 차량을 구분할 수 있다. |
| 대저격수/대물 기관총 | 시가전 경험이 풍부한 이스라엘의 예를 모범 삼아 설치한 12.7mm 기관총이다. 포수용 조준기를 사용하므로 2,000m 앞의 목표를 노릴 수 있다. 기관총의 오른쪽에는 크세논 라이트가 달려 있다. |
| 열선 카메라 | 전차장용 기관총의 총가에 설치한 전차장용 카메라다. 2세대 열선 카메라(122쪽 참조)를 사용한다. CITV(124쪽 참조)를 지님으로써 동일한 카메라가 설치된 A2 이후로는 적용하지 않는다. |
| 복부 장갑 | 지뢰로부터 보호하기 위한 두께 200mm, 중량 1,360kg의 장갑판이 차체 바닥 부분에 장착된다. 폭풍을 피하기 위해 V자 형태가 되었다. |
| 지뢰 방호용 조종수 좌석 | 지뢰의 충격이 조종수에게 전달되지 않도록 좌석이 차체 천장에 매달려 있다. 조종수는 4점식 좌석벨트로 몸을 고정한다. |
| **시가전 생존성 향상 키트 Ⅱ** | |
| ARAT Ⅱ | 더욱 가볍고 방어력이 뛰어난 폭발 반응 장갑 ARAT Ⅱ로 변경했다. ARAT Ⅱ의 제식명은 XM32이며, 기와처럼 휘어져 있다. 설치하는 위치와 개수는 변함이 없지만, 아래쪽으로 35도 기울이고 가벼워졌기 때문에 매우 얇은 구조가 되었다. 또한, 포탑 옆면에도 편측 7개씩 설치되었다. |
| 전차장의 보호 | 전차장용 방탄 쉴드인 '360도 쉴드'를 장착했다. 360도 쉴드는 탄약수용 쉴드와 동일하며, 말 그대로 사방을 방어 유리 부착 쉴드로 둘러싼 장비다. 이미 일부 차량은 TUSK 개조를 할 때 360도 쉴드를 우선적으로 장착한다. |
| 후방 감시 카메라 설치 | 테일 램프 하우징 내에 텔레비전 카메라를 설치한다. |
| **시가전 생존성 향상 키트 Ⅲ** | |
| 각 부위의 안정화 | 전차장, 탄약수의 기관총과 카메라 마운트를 안정화한다. |
| 좌석의 개량 | 포탑 내 좌석을 조종수와 동일하게 지뢰 방호 형태로 변경한다. |
| 에어백을 사용한 방호 시스템 | 에어백을 사용한 방호 시스템은 자동차에 장착하는 에어백과 기본적으로 동일하며, ARAT 대신에 장비하는 것으로 보인다. |

## M1A2 SEP에 시가전 생존성 향상 키트를 장착했다

화살표 부분이 외부 전화가 들어 있는 상자다. 시가전 생존성 향상 키트 II의 전차장용 방탄 쉴드인 360도 쉴드가 우선적으로 장착된다. 360도라고 해도 사방을 전부 커버하지는 못하며, 각 패널 사이에는 틈이 있다. (사진 제공 : 미국 육군)

## M1A1을 토대로 시가전 생존성 향상 키트 II를 장착했다

COLUMN 3

# 10년 전의 전차 랭킹

세계에서 가장 강한 전차는 무엇인지 궁금해하는 사람이 많다. 하지만 전차는 각 나라의 사정, 전투교리 등에 따라 디자인이 달라진다. 그러므로 전투능력도 운용자나 운용 환경에 따라 크게 다르다. 따라서 전차의 능력을 일률적으로 평가하기는 어렵다.

여기에서는 미국 육군의 기관지 〈아모(Armor)〉(1999년 7~8월 호)의 '세계의 전차 베스트 10'을 인용한다. 개발이 중단된 러시아의 T-80UM2가 포함된 점이나 메르카바가 Mk.3인 점에 위화감을 느끼겠지만, 10년 전 기사임을 감안하기 바란다.

3.5세대 전차인 M1A2나 르클레르가 레오파르트 2보다 순위가 낮고, 걸프 전쟁에서 높은 평가를 받은 T-72가 9위에 오른 점 등이 의외다. 레오파르트 2는 장갑과 사격통제장치를 높게 인정받아 1위에 올랐다. T-72는 설계가 오래되고 생존성에 문제가 있지만, 저렴하다는 장점이 있다.

| 순위 | 전차 | 순위 | 전차 |
|---|---|---|---|
| 1위 | 레오파르트 2 A6(독일) | 6위 | T-80UM2 초르니 오숄(러시아) |
| 2위 | M1A2 에이브람스(미국) | 7위 | K1A1(한국) |
| 3위 | 90식 전차(일본) | 8위 | T-90(러시아) |
| 4위 | 르클레르(프랑스) | 9위 | T-72(러시아) |
| 5위 | 챌린저 2(영국) | 10위 | 메르카바 Mk.3(이스라엘) |

# 제 4 장

## M1 에이브람스의 두뇌

2세대 전차와 3세대 전차의 결정적인 차이는 고도로 자동화된 사격통제장치다.
사격통제장치 덕분에 초탄의 명중률이 90% 이상으로 높아졌고,
교전 거리 4,000m에서도 명중을 기대할 수 있으며, 주행 중에도 사격할 수 있게 되었다.
그리고 3.5세대 전차도 데이터를 공유할 수 있는
네트워크의 개념을 도입해서 전투 효율을 더욱 높였다.

현재 개발 중인 M1 에이브람스의 최신형, M1A2 SEP ver.2. (사진 제공 : 미국 육군)

# 세계 최초로 데이터 링크를 운용
## – 3.5세대 전차로 발전한 M1A2

1992년에 두 번째로 크게 변한 M1A2가 등장했다. M1에서 M1A1으로 바뀔 때처럼 공격력과 방어력이 대폭 증가하지는 않았지만, 센서와 승무원/차량 간 인터페이스를 개량해서 적을 먼저 발견한 후 더욱 정확하고 확실하게 공격할 수 있게 되었다. M1A2는 다음과 같이 발전했다.

- 표적 포착 시간이 45% 향상되었다.
- 표적 정보 전달 시간이 50~70% 향상되었다.
- 표적 위치 정보의 오차가 32% 감소되었다.
- 목적지 도달 정밀도가 96% 향상되었다.
- 행군 시간이 42% 감소되었다.

이를 보면 템포와 정밀도 면에서 크게 향상되었음을 알 수 있다. 전차장용 열영상 장치 및 2세대 적외선 전방 감시 장치와 자기 위치 측정/항법 장치의 역할이 크므로 이에 관해서는 별도의 항에서 설명하겠다.

이전까지는 전차의 독립적인 교전 능력을 향상하는 데 중점을 두어 3세대 전차로 개량했지만, 3.5세대 전차부터는 차량 간 정보 소통 시스템을 설치하기 시작했다. M1A2가 세계 최초로 데이터 링크를 운용함으로써 3.5세대 전차가 된 것이다. 차량 간 정보 소통 시스템에 의해 대대 본부로부터 각 차량에 이르기까지 통일된 의사를 전달할 수 있고, 실시간으로 전황과 작전을 파악할 수 있게 되었다.

그 외에도 걸프 전쟁(1991년)에서의 운용 경험을 살려 서스펜션을 개량했고, 전차장용 기관총 총가를 간소화했다.

## M1A1에서 크게 발전한 M1A2

포탑 왼쪽에 전차장용 열영상 장치를 설치한 것이 M1A1과 외형상으로 크게 다른 점이다.

(사진 제공 : 미국 국방부)

# 더욱 발전한 M1A2 SEP
## – 전자 장치와 소프트웨어가 새로워졌다

제너럴 다이내믹스 랜드 시스템스는 M1A2를 만들어낸 후에도 '전자장치확장계획'을 계속했다. 이 계획에서 시가전 생존성 향상 키트(TUSK)와 시스템 확장 패키지(system enhancement package, SEP)가 탄생했다. 시가전 생존성 향상 키트가 도시형 게릴라전에 대응해서 현지에서 개조하는 응급 계획이라고 한다면, 시스템 확장 패키지는 정규전 장비로서 정상적으로 발전한 개량형이다. 개조한 내용은 다양하지만, 대부분 전자 장치 및 그에 관련된 소프트웨어를 혁신한 것이다.

- 전차장용 열영상 장치를 장착.
- 적외선 카메라 2세대를 적외선 전방 감시 장치로 대체.
- 포스 21 여단급 이하 전투지휘체계(FBCB2)를 설치.
- 승무원 전원에게 액정 디스플레이를 배치.
- 전자기기 냉각을 위한 에어컨을 장착.
- 장래의 능력 향상을 위해 전자 장치 핵심 부분을 확장.
- 엔진이 정지했을 때 전력을 공급하기 위해 배터리 6개를 추가.

개조 비용은 1대당 490만 달러다. 그리고 2007년 2월부터 미국 육군이 추진하는 장래 전투 시스템에 맞춘 시스템 확장 패키지 ver.2를 개발하는 중이다. ver.2의 개조 내용은 시스템 확장 패키지의 개조 경험을 살려 교전 능력을 더욱 향상하는 데 중점을 둔다. 시스템 확장 패키지는 모두 기존의 M1A1에 작용된다. 개조할 때는 에이브람스 일괄 관리 프로그램에 의해 신품과 동일하게 전차의 수명을 연장한다.

## 더욱 발전한 M1A2 SEP(ver.1)

내부는 M1A2 이상으로 업데이트되었지만, 외관으로는 구별하기 힘들다. 미국 육군은 2013년까지 18개 여단급 전투단의 모든 M1A1 1,319대를 M1A2 SEP로 개조할 예정이다. (사진 제공 : 미국 육군)

# 모래 폭풍 가운데에서도 볼 수 있는 열영상 장치
## – M1 에이브람스의 뛰어난 '눈'

현재는 전차가 표적을 정확하게 명중시키는 것은 당연한 일이 되었다. 그러면 무엇이 M1 에이브람스를 정밀도 높은 전차로 만들었을까? 그것은 바로 뛰어난 센서에 의한 적 탐지 능력이다. 현대 전투는 적을 먼저 발견하는 쪽이 승리한다(first look, first kill). **포탑 위의 포수용 열영상 조준 장치가 'first look'을 뒷받침한다.**

쾌청한 낮에는 통상적인 광학 조준기를 사용하고, 야간이나 악천후 시에는 열영상 장치를 사용한다. 이 장치는 2축 방향에 대해 안정화되어 있고 시야는 120도, 배율은 광각 3배, 망원 10배다.

열영상 장치는 모든 물체에서 방사되는 8~14$\mu$m의 장파장 적외선을 포착해서 영상화한다. 영상은 녹색 화소의 농염으로 표시한다. 장파장 적외선(원적외선)은 대기 투과율이 높다. 가시광선의 투과율이 약 60%인데 비해, 장파장 적외선은 80%다. 탐지 거리는 4,000m, 식별 거리는 쾌청한 야간에 1,500m다. 안개가 끼거나 모래 폭풍이 불 때도 멀리까지 내다볼 수 있다.

M1A2는 항공기에서 사용하던 적외선 전방 감시 장치의 기술을 응용한 **2세대 열영상 장치**를 장착했다. 적외선 감지 장치의 감도와 해상도가 향상되어 50배가 되었고, 탐지 거리는 70% 이상 연장되었으며, 식별 거리는 30% 정도 늘어났다. 또한 식별 능력도 한층 높아졌고, 록온 시간도 45% 단축되었다. 그리고 M3 브래들리 장갑차에도 장치를 장착해서, 걸프 전쟁 때 문제가 된 '적후는 보이지 않지만 전차에서는 보이는' 불균형한 사태도 해소했다.

### 가시광선

가시광선의 시야. 모래 먼지에 가려 먼 곳이 보이지 않는다.

(사진 제공 : 미국 육군)

### 적외선(10배)

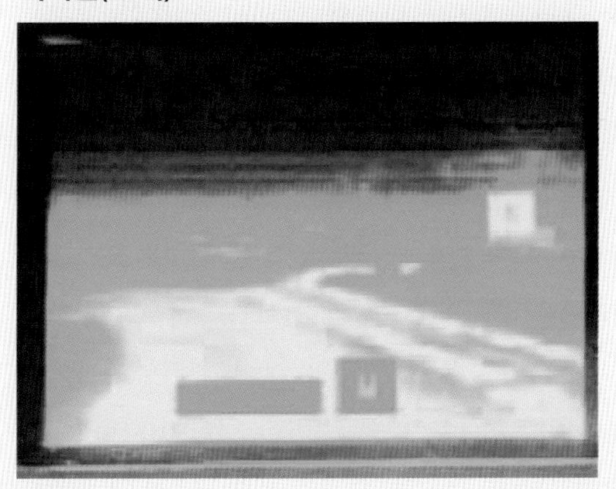

열영상 장치의 망원 10배로 본 동일한 풍경. 노면과 건물이 보인다.

(사진 제공 : 미국 육군)

### 적외선(50배)

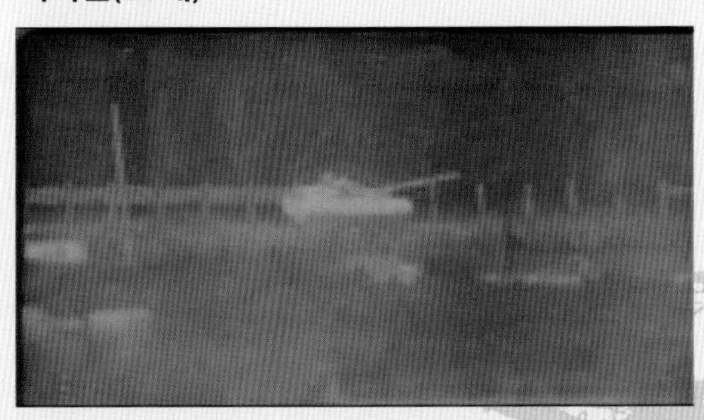

열영상 장치의 망원 50배로 포착한 영상. 전차의 실루엣이 보인다. 이 실루엣은 T-72 전차다.

(사진 제공 : 미국 육군)

# 전차장용 열영상 장치
## – 포수가 사격할 때도 주변을 감시할 수 있다

M1A2에서 가장 눈에 잘 띄는 것이 포탑 왼쪽에 증설한 원통형의 전차장용 열영상 장치(CITV)다. 이전까지 전차장은 포수용 기본 조준기의 영상을 보면서 지휘했지만, 이 장치가 생기면서 차량 외부에 몸을 내밀지 않고 비교적 안전하게 주변 상황을 파악할 수 있게 되었다.

전차장용 열영상 장치는 포수용 기본 조준기와 동일한 2세대 장치이다. 2축 방향으로 안정화되어 있다. 시스템 전체의 중량은 182kg, 배율은 2.6배와 7.7배다. 장치 자체가 360도 회전할 수 있고 상방 20도, 하방 12도로 조정할 수 있다. 영상은 전차장용 시현장치(display)에 시현된다. 이것으로 전차장은 포수가 사격할 때도 주변을 수색할 수 있다. 가시광선 카메라는 없다.

전차장용 열영상 장치는 전차장석 오른쪽에 있는 조이스틱처럼 생긴 조종간으로 다룬다. 이 조종간으로 포탑을 회전하거나 주포를 발사할 수도 있다. 여기에는 오버라이드 기능도 갖춰졌다. 이 기능은 포수가 노리는 목표보다 우선순위가 높거나 더욱 절박한 위협이 나타났다면, 전차장이 포수의 조작을 무시하고 직접 주포를 조작 · 발포할 수 있는 기능이다.

이 장치로 M1 에이브람스의 유효 화력은 30% 증가했다. 2007년부터 DRS사가 신보된 장거리 수색 감시 시스템을 설치하면서, 전차장용 열영상 장치의 탐지 거리는 6.8km까지 늘어났다. 당연히 포수용 조준기에도 '블록 1B' 형태로 설치되었다.

## 포탑 위에 장착된 전차장용 열영상 장치

장갑화된 바구니 모양의 통 안에 열영상 카메라가 내장되었다. (사진 제공 : GDLS)

전차장용 열영상 장치로 포착한 영상. (사진 제공 : 미국 국방부)

# 정확하고 상세한 항법 장치
## – 신속하게 자신의 위치 정보를 얻을 수 있다

걸프 전쟁(1991년)에서 이라크는 급한 대로 민간용 GPS를 사용했다. 당시에는 정밀도가 낮은 민간용 GPS도 매우 큰 도움이 되었다. 이후, A2에서는 자기 위치 측정/항법 장치를, A2 SEP에서는 전 지구 측위 시스템을, 간이 디지털형 A1D의 C 키트에서는 방위 교정 장치를 항법 보조 장치로 활용했다.

### 자기 위치 측정/항법 장치(POS/NAV)

이 장치는 가속도계와 자이로를 이용해서 자기 위치와 경로를 산출하는 관성 항법 장치(inertial navigation system, INS)와 기본적으로 동일하다. '항법'이라는 이름에서도 알 수 있듯이 목적지를 입력하면 최적의 경로를 제시해준다. 또한, 자기 차량의 위치를 아군 차량이나 지휘소에 보냄으로써 아군의 위치를 서로서로 파악할 수 있다. 좌표는 '군용 그리드' 또는 '위도 · 경도'로 표시한다. 성능은 교정값 ±0.5도, 거리 파라미터의 위치 오차 2%, 방위 초기화 5분이다. 외부 정보에 의존하지 않으므로 외부 방해에 강하고 단독으로도 운행할 수 있다는 장점이 있다.

### 전 지구 측위 시스템(GPS)

GPS(global positioning system)는 자동차 내비게이션으로도 이미 익숙하다. 인공위성과 교신하여 자기 위치를 측정하는 장치이다. A2 SEP부터 M1에 도입되었다. 군용 주파수대를 병용하며, 갱신이 빠른 Y코드를 사용한다. POS/NAV와 조합함으로써 높은 정밀도로 신속하게 위치 정보를 얻을 수 있다. 또한, 뒤에서 설명할 차량 간 시스템이나 포스 21에 위치 정보를 제공한다.

**방위 교정 장치**(NFM)

정식 명칭은 'north finding module(NFM: 북쪽을 찾는 기기)'이다. 진북(眞北)을 정확히 나타내는 기능에 한정된 항법 보조 장치다. 링 레이저 자이로와 정밀 GPS 수신기를 조합해서 방위를 측정한다. 정밀도는 오차 2mil/0.1125도(측량 모드에서는 1mil/0.05625도)이며, 방위 초기화에 2분(측량 모드에서는 10분)이 걸린다. 1.8kg으로 가볍고, 가격도 19,110달러로 저렴하다. 포수 기본 조준기에 장착되는 레이저 거리 측정기와 조합해서 자기 위치를 측정할 수도 있다.

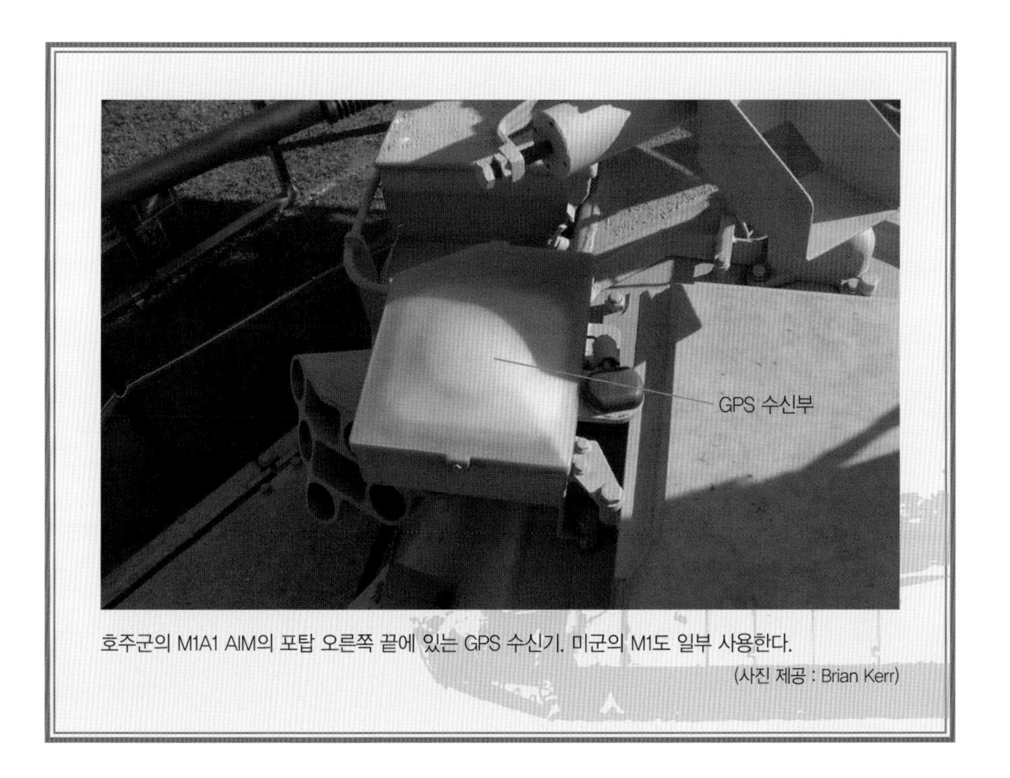

호주군의 M1A1 AIM의 포탑 오른쪽 끝에 있는 GPS 수신기. 미군의 M1도 일부 사용한다.
(사진 제공 : Brian Kerr)

# 차량 간 정보 시스템
## – 전투 현장을 조망할 수 있어서 비효율이 사라진다

예전의 전투지휘관은 전투 현장을 실시간으로 내다볼 수 있기를 원했다. 정신 없이 전투가 벌어질 때에는 적아(敵我)의 상황을 파악하기가 쉽지 않기 때문이다. 이러한 상황을 '전장의 안개(fog of war)'라는 말로 비유하기도 한다.

차량 간 정보 시스템(IVIS)은 대대 규모의 데이터 링크를 구축해서, 천리안까지는 아니지만, 새가 되어 하늘에서 내려다보는 듯한 시각을 각 차량의 전차장에게 제공한다. 차량 간 정보 시스템의 영상 정보는 전차장용 표시/조작 패널에 표시되며, 여러 레이어로 나뉜다.

각 레이어가 지형도, 작전도, 목표 정보, 아군 정보, 지원 포격/항공 공격 창을 표시한다. 차량 간 정보 시스템은 영상의 해상도가 높아서 소대 규모까지 파악할 수 있다.

차량 간 정보 시스템에 필요한 데이터는 대용량 통신을 할 수 있는 디지털 무선기이다. 지상 · 공중을 망라하는 단일채널 VHF 무선기로 암호화하여 송신한다. 각 소대장은 대대 본부에서 받은 작전 명령을 토대로 이동 방향과 절차를 정한다. 그리고 소대의 각 차량에 이동 계획을 제시하고, 전차장은 그에 따라 구체적인 코스와 행동을 정한 후 조종수와 포수에게 전달한다. 또한, 전투 중에는 진척 상황, 표적정보, 아군정보 등이 수시로 갱신되어 표시된다.

차량 간 정보 시스템으로 화력이 늘어나지는 않지만, 적절하게 대응할 수 있는 기회(opportunity)를 제공함으로써 화력이 증대되는 것과 같은 효과가 있게 된다.

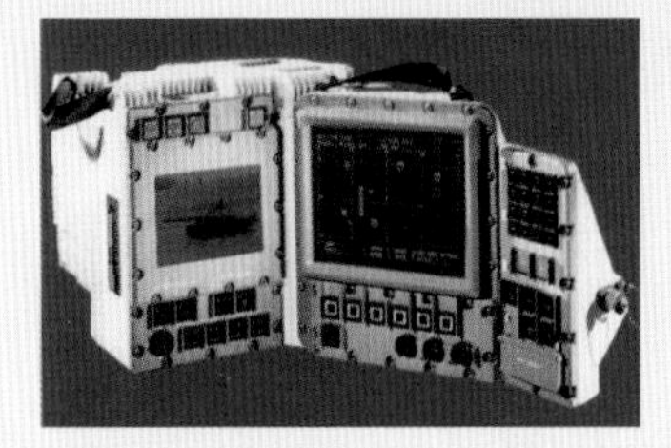

M1A2의 전차장용 표시/조작 패널. 한가운데에 주황색으로 표시된 것이 차량 간 정보 시스템 화면이다. 왼쪽 디스플레이에는 전차장용 열영상 장치의 영상이 시현된다.

(사진 제공 : GDLS)

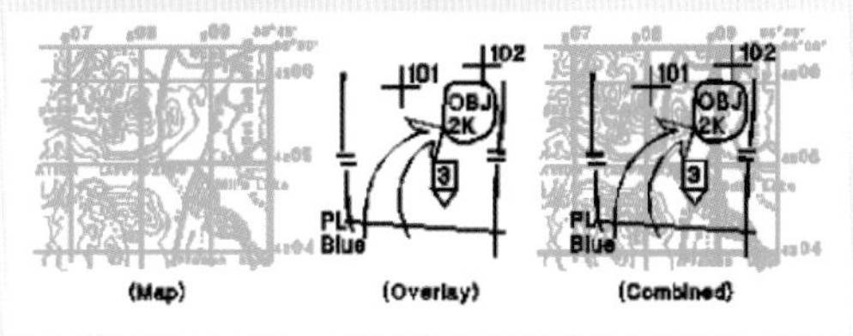


지형을 확인하거나 코스를 설정할 때는 지도 위에 작전도가 겹쳐져 표시된다.

## 차량 간 정보 시스템의 표시

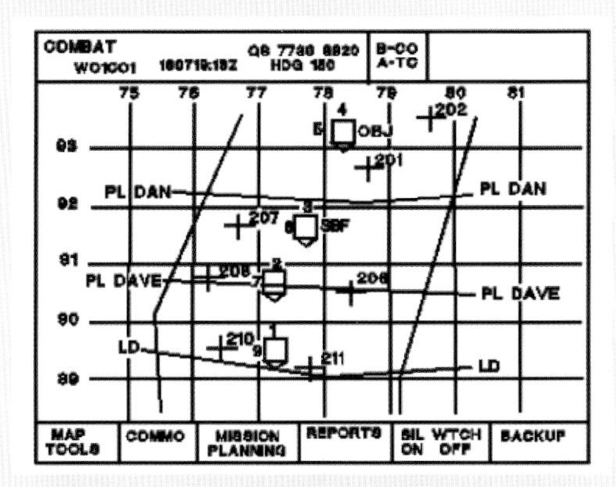


아군 차량 4대가 사각형으로 표시되었다. 사각형 아래의 삼각형 꼭짓점이 차량의 위치를 나타낸다. '+' 마크는 체크포인트이며, 수치가 작은 곳에서 큰 곳으로 진행한다. LD가 소대장, PL DAVE가 데이브, PL DAN이 댄이다. 화면 좌우로 뻗은 선에 삼각형의 꼭짓점이 걸치면 코스를 잘 따라가고 있다는 뜻이다. 즉, 'PL DAN'은 예정된 코스에서 크게 벗어났음을 알 수 있다. 가장 위쪽의 차량은 정차 중이다.

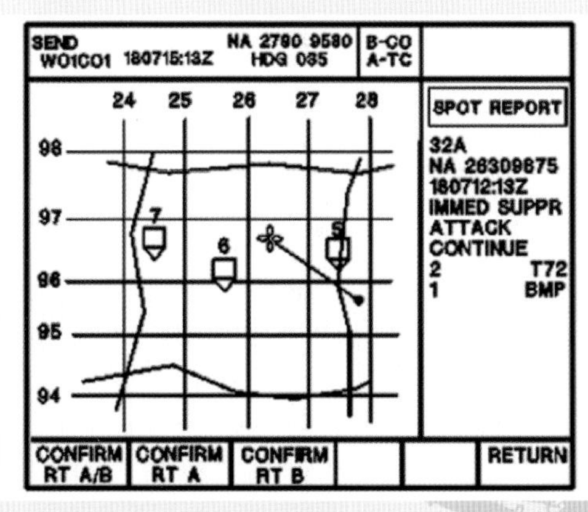


5번 차량의 남동 지점에 포격이 가해졌음을 나타내는 스폿 리포트가 들어갔을 때의 차량 간 정보 시스템 표시다. '+' 기호 지점의 설명으로서 'T-72 전차 2대, BMP 보병 전투차 1대가 있음. 즉시 제압 포격을 실시 중'이라고 표시되었다.

# 포스 21 여단급 이하 전투지휘체계
## – 정찰위성의 데이터를 이용할 수도 있다

포스 21 여단급 이하 전투지휘체계(FBCB2)는 여단 본부에 서버를 두고 공격 헬리콥터부터 보급 트럭에 이르기까지 전투 현장에 있는 모든 단위부대에 단말기를 설치해서 아군의 움직임을 파악한다. 그리고 각 단위부대에서 올라오는 정보를 취합하고 분석해서 최선의 작전과 보급 계획을 세우고 수행하는 전술 인터넷이다. 그리고 사단 이상의 네트워크 육군 전술 지휘 시스템에 링크해서 정찰위성이나 전장 감시기에서 데이터를 얻을 수도 있다.

단말기는 통상적인 컴퓨터와 동일하며, 전체가 탁한 녹색이다. 튼튼한 케이스의 본체, 기능키가 부착된 디스플레이, 101 키보드, 마우스 대신에 사용하는 터치펜으로 이루어져 있다. 하드디스크를 사용하며, 메모리는 1기가바이트 DRAM이다. 운영체제는 UNIX계 솔라리스에서 실시간 OS인 Vx워크스로 변천했지만, 현재는 역시 실시간 OS인 링크스로 안착하는 듯하다. 사용자 인터페이스는 Windows나 Mac OS와 비슷한 그래피컬 사용자 인터페이스를 설치했다. 그런데 그래피컬 사용자 인터페이스는 움직임이 둔해서 조작 감각이 좋지 않은 편이다.

화면은 차량 간 정보 시스템을 컬러화 · 세밀화했다. 기능 면의 차이는 차량 간 정보 시스템 이상으로 넓은 범위와 정밀도로 정보가 전달된다는 점이다. 예를 들어, 보급부대 같은 취약한 부대도 화면을 보기만 하면 적의 위협을 인지하고 상급부대에 위협회피 계획을 즉각 요청할 수 있다.

## 포스 21 여단급 이하 전투지휘체계

스트라이커 장갑차 내에 설치된 포스 21 여단급 이하 전투지휘체계를 조작하는 병사. 미국 육군은 전차와 장갑차부터 정찰차, 보급차에 이르기까지 이 시스템을 설치해서 전체 전력의 네트워크화를 추진한다.
(사진 제공 : 미국 육군)

# 전투 현장 네트워크의 공과
## – 주파수 대역의 부족과 시스템 고장

앞서 설명한 포스 21 여단급 이하 전투지휘체계는 전선에서 정찰차가 보내온 적 목표에 관한 데이터를 몇 초 만에 모든 부대의 디스플레이에 붉은 마름모꼴로 시현한다. '적이 어디에 있는지, 자신이 어디에 있는지, 적을 어떻게 파괴할지'를 순식간에 결정할 수 있을 정도로 위력이 크지만 결점도 몇 가지 있다.

첫째, 전파 문제다. 정확한 위치를 산출하는 GPS는 방해 전파에 약하다. 데이터를 주고받는 지상 · 공중 단일 채널 무선 시스템의 VHF 무선기는 사실 4,800 bps 이하의 속도밖에 내지 못한다. 또한, 무인 정찰기와 데이터 링크가 주파수 대역을 일부 점유하는 바람에 주파수 대역이 부족해졌다.

둘째, 단말기 시스템이 고장 나기 쉽다. 또한, 시스템을 다루는 사람은 어느 정도 컴퓨터를 사용할 줄 알아야 한다. 게다가 전차장은 통상적으로 차내를 지휘하고, 아군 차량과 연락하고, 주변을 경계해야 할 뿐만 아니라 포스 21 여단급 이하 전투지휘체계까지 체크하고 보고해야 하기 때문에 업무 부담이 가중된다.

셋째, 사용하는 환경의 문제다. 포스 21 여단급 이하 전투지휘체계는 평원이나 사막처럼 개활지에서는 잘 작동하지만, 시가에서는 건물의 장애로 인해 오류와 오차가 발생하여 표적을 중복 확인하기도 하고 누락하기도 한다. 또한 GPS, VHF 무선기의 전파가 제대로 작동하지 않는 경우도 많다. 그리고 베트남 전쟁에서도 문제가 되었듯이, 전투 현장 전체를 실시간으로 내다보기 때문에 본부의 지휘관이 전투 현장에 너무 세세하게 참견하는 폐해도 생긴다.

## 포스 21 여단급 이하 전투지휘체계의 화면

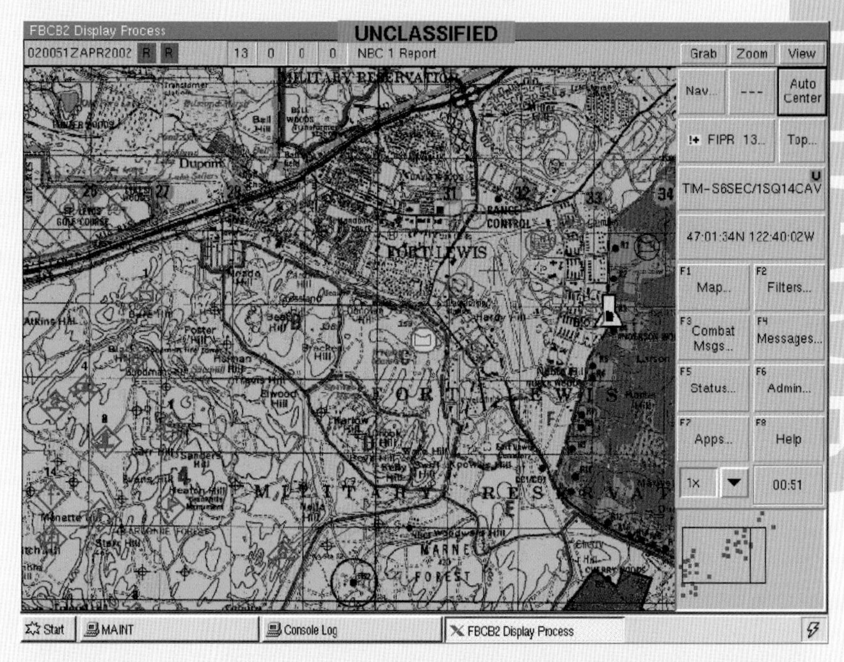


지도상에 적군은 빨간 마크로, 아군은 파란 마크로 표시된다. 오른쪽 아래에서는 전투 현장에 있는 적군과 아군의 전체적인 분포를 보여준다. (사진 제공 : 미국 육군)

COLUMN 4

# 간이 폭탄으로부터 승무원을 지키는 'MRAP'

미군은 이라크와 아프가니스탄에서 간이 폭탄에 의한 매복 공격을 자주 당했다. 이 매복 공격으로 수많은 사상자가 발생했기 때문에 2007년에는 폭발로부터 승무원을 지킬 수 있는 'MRAP' 차량 10,000대를 서둘러 조달했다. MRAP는 mine resistant ambush protected(내지뢰 매복 방호)의 약자다.

MRAP는 차량 사이즈와 사용 목적에 따라 일곱 종류나 도입되었다. 정규 절차를 밟지 않고 대량으로 조달했기 때문이다. MRAP는 군의 정식 평가나 선정 작업을 거치지 않았고, 제식명을 받자마자 전선에 투입했다. 기관총 1정을 장착한 장갑 트럭으로, 승무원석의 밑부분을 높이고 V자 형태로 만들어 지뢰 폭풍을 피하는 구조다. 현재 내폭성이 더욱 강화된 'MRAP-II 계획'도 진행 중이다.

내폭 성능을 시험 중인 MRAP. MRAP를 도입함으로써 간이 폭탄에 의한 사상자가 대폭 줄었다. (사진 제공 : 미국 국방부)

**쿠거 HEV**
**생산국** : 미국
**승무원** : 2명/수송 인원 : 10명
**중량** : 23.6t
**길이** : 7.08m
**너비** : 2.74m
**높이** : 2.64m
**무장** : 7.62mm 기관총×1
**최대 장갑 두께** : 불명
**속도** : 105km/h

제 5 장

# M1 에이브람스의 조종

세계 최초의 전차는 참호를 넘고 부정지를 돌파하기 위해 개발되었다.
현재도 주파 능력은 매우 중요하다.
전차가 처음으로 탄생했을 때와 비교하면 3세대 전차는
달리는 속도, 가속력 면에서 차원이 다를 만큼 비약적으로 발전했다.
이 장에서는 70t의 거대한 차체의 민첩한 움직임을 살펴본다.

이라크에서 작전 중인 미국 해병대의 M1A1 HC .
(사진 제공 : 미국 해병대)

# 차체의 구조
## – 차체의 뒤쪽 장갑은 의외로 얇다

공격과 방어의 중심이 포탑이라면, 포탑을 필요한 장소로 옮기는 것이 차체의 역할이다. 차체는 하이테크 기술이 가득한 포탑에 비하면 비교적 단순한 구조이다. 이는 전투 현장에서의 신뢰성과 내구성을 중시한 결과다.

차체의 구조는 137쪽의 그림처럼 방탄강판으로 만든 상자 모양이다. 최대한 두꺼운 강판으로 프레임 없는 모노코크 구조로 만든다. 이 상자 안을 칸막이벽으로 동력, 승무원, 연료 탱크 자리를 나눈다. 그리고 파워 팩, 무한궤도, 서스펜션을 포함하는 바퀴 부분, 그 외의 보조 기기를 조합한다. 구조 개선이나 개량이 쉽도록 주요 부위를 모듈화한다. 따라서 엔진을 변경하거나 차체를 연장해서 회전바퀴를 늘리는 등의 대규모 변경도 가능하다.

차체 내부는 보통 앞에서부터 조종수, 포탑 승무원, 기관부의 각 구획으로 나뉘며, 차체 전면은 포탑 전면 다음으로 튼튼한 장갑이 장착된다. 하지만 피탄 확률이 낮은 차체 뒷면은 장갑이 비교적 얇다(M1 에이브람스의 경우 단일 강판으로 25mm).

이스라엘의 메르카바 전차 같은 극히 일부 전차는 엔진을 앞쪽에 둔다. 엔진 점검용 액세스 도어를 설치하면 장갑을 두르지 못하거나 중량 균형이 무너지는 등 설계에 제약이 생기므로 일반적으로는 엔진을 앞쪽에 설치하지 않는다.

M1 에이브람스는 포탑 내에 있는 사격통제장치용 컴퓨터가 사용 불능 상태에 빠져도 전투를 지속할 수 있도록 차체 측 포탑 가까이에 동일한 컴퓨터를 설치했다.

## M1 에이브람스의 차체 구조

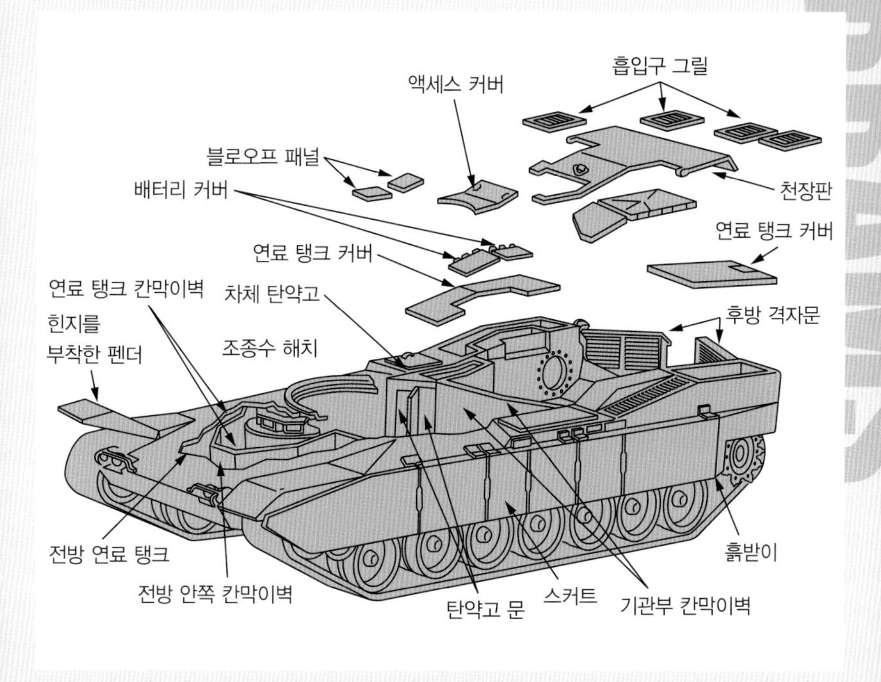

# 전차의 주행 · 회전 · 정지
## – 스스로 길을 만들며 나아간다

전차는 무한궤도 위를 달린다. 스스로 궤도를 깔아 길을 포장하고 그 위를 달리는 과정을 무한 반복하는 셈이다. 무한궤도 덕분에 사격할 때의 안정성과 부정지 주파 능력을 얻을 수 있다. 반면, 무한궤도 방식은 접지 면적이 늘어나 마찰 저항이 증가하고, 연료가 많이 소비된다.

바퀴 부분은 가장 뒤에서부터 기동바퀴, 회전바퀴, 가장 앞쪽의 유도바퀴로 구성된다. 기동바퀴는 바깥둘레의 톱니를 무한궤도에 걸리게 해서 무한궤도를 구동한다. 엔진이 앞에 달린 전차는 기동바퀴도 앞에 있다. 브레이크의 힘은 기동바퀴를 통해 무한궤도 전체에 전달된다.

회전바퀴는 무한궤도 위를 달리는 바퀴이며, 지면에 걸리는 압력을 분산하기 위해 여러 개가 쭉 늘어서 있다. 회전바퀴는 구동하지 않고 브레이크 장치도 없다. 회전바퀴 위에는 무한궤도를 부드럽게 굴러가게 하기 위한 상부 회전바퀴를 설치한 경우가 많다. 유도바퀴는 무한궤도의 방향을 바꾸고, 장애물을 극복할 때 기점이 된다. 유도바퀴에 무한궤도의 장력을 조정하는 그리스 실린더가 달려 있다.

오른쪽으로 회전할 때는 오른쪽 무한궤도에 브레이크를 걸어 좌우 속력을 차이 나게 한다. 무한궤도의 한쪽을 완전히 멈춰서 도는 것을 제자리선회(신지선회)라고 하고, 좌우의 무한궤도를 서로 역방향으로 돌려서 제자리에서 돌게 할 수도 있다. 오토매틱으로는 초제자리선회(초신지선회)를 하기 어렵고 높은 기술력이 요구된다. 이런 조작은 무한궤도에 미치는 마찰 부하가 크다. 접지 면적이 앞뒤로 너무 길면 횡방향의 마찰력을 견디지 못하고 무한궤도가 늘어나 빠질 수도 있다.

※ 신지(信地): 원래 승마 용어다. 제자리걸음을 의미하는 '신지구족(信地駈足)'이라는 말에서 유래했다.

M1 에이브람스의 바퀴 부분. 회전바퀴는 지름 635mm, 너비 145mm의 주조 알루미늄제 림(rim)에 고무를 두른 것이다. 2개를 조합해서 사용한다.
(사진 제공 : GDLS)

기동바퀴는 무한궤도의 일부인 트랙 슈를 잇는 엔드 커넥터를 톱니에 걸어 구동한다. 자전거가 톱니로 체인을 돌리는 것과 같은 원리다.
(사진 제공 : 미국 해병대)

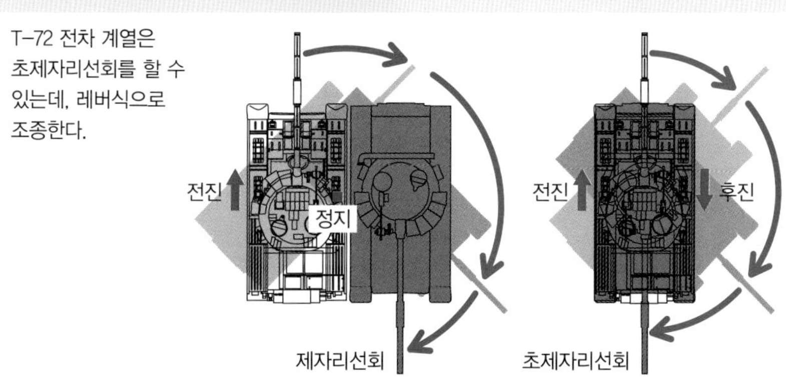


T-72 전차 계열은 초제자리선회를 할 수 있는데, 레버식으로 조종한다.

# 전차 조종
## – 흔들림을 견디지 못하면 승무원이 될 수 없다

전차 운전은 굉장히 무거운 차량을 움직이는 일이다. 따라서 예전의 전차는 클러치를 매우 섬세하게 조작해야 했다. 차체 무게로 인해 가속하려면 시간이 걸리는 데다 속도를 줄이는 대로 시간이 걸리기 때문에 전차를 운전하려면 피나는 연습이 필요했다.

그러나 레오파르트 2를 비롯한 3세대 전차는 일반적인 자동차의 스티어링 핸들이나 오토바이의 T바처럼, 핸들로 쉽게 조작할 수 있게 만들었다. 변속기는 오토매틱이다. 파워는 1t당 약 25마력 정도여서 부드럽게 가속된다. 급브레이크를 밟으면 포탑 내 승무원의 몸이 휘청거릴 정도로 브레이크도 잘 듣는다. 일반적인 승용차와 다른 점은 차폭 감각 차이가 크다는 점이다. 이 점만 제외하면 누구나 전차를 운전하는 데 문제가 없다. 하지만 운전은 '누구나' 할 수 있지만, 길이 없는 부정지를 50~60km/h로 주파하는 일은 아무나 할 수 없다. 부정지를 주파할 때는 흔들림이 심하기 때문에 몸을 4점식 좌석벨트로 고정해야 한다.

이처럼 조종수는 흔들림을 견디는 능력이 필요하다. 전차의 대략적인 진로는 전차장이 지시하는데, 조종수는 전차장이 의도하는 기술, 아군 차량의 보호 대책, 눈앞의 지형 등을 고려하면서 조종해야 한다. 그리고 적에게 발견되지 않도록, 적보다 우위에 서는 위치를 선점하고, 전차를 행동 불능에 빠뜨리지 않도록 운전해야 한다.

조종수는 차체를 관리할 책임이 있다. M1 에이브람스를 정비하는 데는 가동 시간과 동일한 인력(人力)이 필요하다. 미군은 100대의 전차가 160km 주행하면 10대의 고장 차량이 나온다고 추산한다.

덜컹거리며 달리는 M1 에이브람스. 3세대 전차는 파워가 강하고 핸들링이 쉽기 때문에 드리프트 주행을 할 수 있을 만큼의 조종 성능을 지녔다. (사진 제공 : 갈릴레오출판)

M1A1이 무장 세력을 추적하다가 용수로에 처박혔다. 전차의 중량을 견디지 못한 지면이 무너지면서 발생한 사고다. (사진 제공 : 미국 국방부)

# 조종석의 구조
## – 조종수는 누운 자세로 탑승한다

M1 에이브람스의 조종석은 차체 앞부분 가운데에, 주포 바로 아래에 있다. 포탑을 옆으로 돌리고 조종수 해치로 들어가거나, 포탑을 5시 방향으로 돌려 탄약수 해치로 포탑 안에 들어간 후 포탑 배스킷의 빈 공간을 통해 조종석에 들어간다. 좌석은 차체를 낮추기 위해 누운 자세로 탑승하는 리클라이닝 좌석이다. 핸들은 오토바이와 같은 T바이며, 조종 자세에 맞게 25도의 범위에서 움직인다. 양옆의 핸들 노브 가운데 어느 한쪽을 비틀면 액셀(스로틀)이 열리며, 60도 돌리면 완전히 열린다.

핸들 한가운데에는 전기 계통을 체크하기 위한 경고등과 리셋 스위치가 나란히 있고, 그 아래에는 전기식 변속 노브가 있다. 오른쪽부터 '저속(low)→주행(drive)→중립(neutral)→후진(reverse)'이다. 중립 위치에서 핸들을 꺾으면 제자리선회를 한다.

변속 노브의 양옆에는 검은색 버튼이 있는데, 이것은 차내 통화를 위한 인컴 스위치다. 발아래에는 브레이크 페달이 있고, 그 오른쪽에는 주차 브레이크 페달이 있다. 오른쪽 사이드에는 주차 브레이크의 해제 레버가 있고, 왼쪽 사이드에는 자동 소화 장치의 수동 레버 2개가 있다. 속도계, 회전속도계, 온도계 등은 왼쪽의 계기판에 모여 있다. 연료 이송을 제어하는 스위치는 오른쪽 제어판에 모여 있다.

조종수는 누운 자세로 운전하며, 작전 중 수면을 취할 때도 리클라이닝 좌석에서 그대로 잘 수 있다. 다른 승무원은 차체 뒷부분 데크 위쪽이나 전차 가장자리에서 침낭에 들어가 잔다. 비상시에는 누군가 포탑을 옆이나 뒤로 돌려주어야만 탈출할 수 있다.

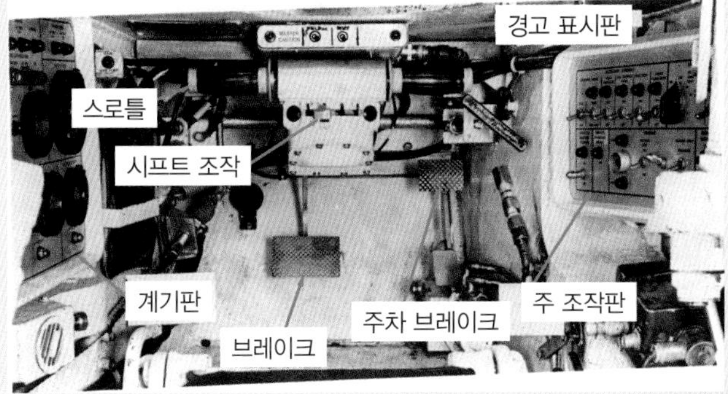


M1의 조종석. M1A2에서는 왼쪽의 계기판이 조종수용 디스플레이(DIP)로 대체되었다.

(사진 제공 : GDLS)

해치를 폐쇄하고 잠망경을 사용할 때의 자세
(조정 가능한 부분을 표시)

잠망경 접안부의 위치 조정 가능
스티어링 핸들의 위치 조정 가능
머리받이 조정 가능
좌석 높이를 4단계로 조정 가능
등받이 조정 가능
허리받이 조정 가능

해치를 개방했을 때의 조종수 착석 위치

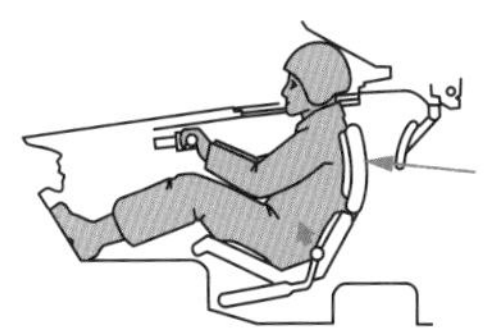


해치를 폐쇄하고 조종수용 암시 장치를 사용할 때
(조정 가능한 부분을 표시)

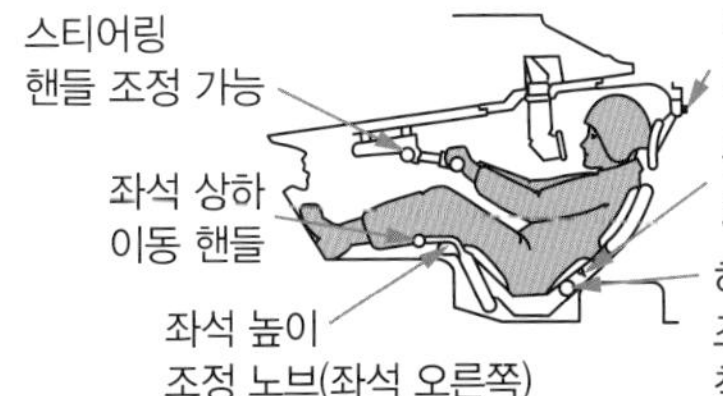

조종수용 해치. 삼각형 해치의 오른쪽 각을 꼭짓점으로 삼아 회전한다. 해치에 달린 3기의 잠망경은 좌우 120도, 상하 7도의 시야를 제공한다.

(사진 제공 : 크라이슬러)

# 무한궤도의 구조
## – M1은 더블 핀, 더블 블록 방식

무한궤도는 철강 트랙 슈(track shoe)와 핀을 여러 개 연결해서 하나의 바퀴를 만든다. 무한궤도는 트랙 슈의 결합 방식과 구조에 따라 특징이 달라진다.

**핀** 무한궤도를 연결하는 부품이다. 1개의 핀으로 트랙 슈를 서로 연결하는 방식과, 트랙 슈 앞뒤에 핀을 하나씩 꽂고 다른 부품으로 각 핀을 잇는 방식이 있다. 전자는 싱글 핀이라고 부른다. 싱글 핀은 구조가 단순한 만큼 저렴하고 정비하기도 쉽다. 그러나 무한궤도의 유연성이 없기 때문에 지면의 요철에 대응하는 지형 추종성이 떨어진다. 후자는 더블 핀이라고 부르며, 싱글 핀과 특징이 정반대다.

**블록** 트랙 슈끼리 서로 맞물리도록 뚫은 구멍에 핀을 꽂아 연결하는 것이 싱글 블록이다. 저렴하고 단순하지만 유연성이 떨어진다. 트랙 슈와 트랙 슈를 다른 부품으로 연결하는 것이 더블 블록이다. 더블 블록의 특성은 싱글 블록과 정반대다.

M1 에이브람스는 트랙 슈 앞뒤에 핀을 꽂고 접합구로 각 트랙 슈를 연결하는 '더블 핀, 더블 블록' 방식을 채택했다.

철강제 무한궤도로 아스팔트 포장 위를 달리면 노면이 파손된다. 그래서 대부분의 전차는 노면이 파손되지 않도록 무한궤도에 고무 패드를 부착한다. 또한, 얼어붙은 빙설면은 무한궤도로도 달리기 어렵다. 이때는 트랙 슈에 그라우저(grouser)라는 스파이크를 부착해서 무한궤도를 얼어붙은 노면에 맞물리게 한다.

## M1 에이브람스가 사용하는 T158 트랙 슈의 구조

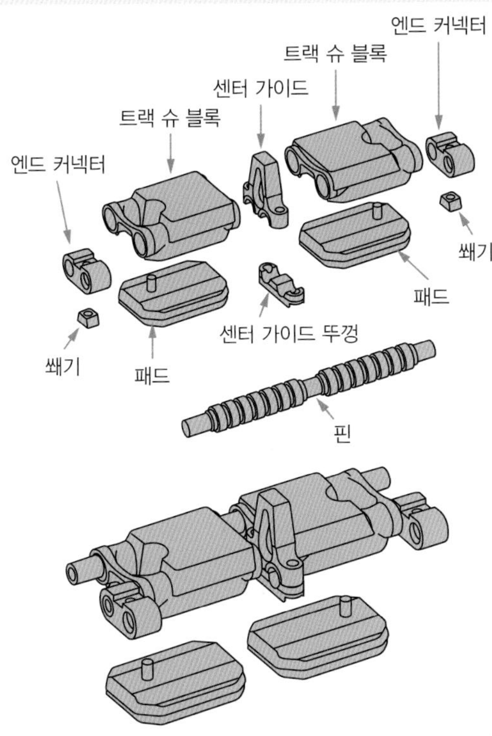


M1 에이브람스가 사용하는 T158 트랙 슈. 무한궤도를 서로 연결하는 접합 부품(엔드 커넥터)을 제거하면 트랙 슈 앞뒤에 2개의 핀이 남기 때문에 '더블 핀, 더블 블록' 구조라고 할 수 있다.

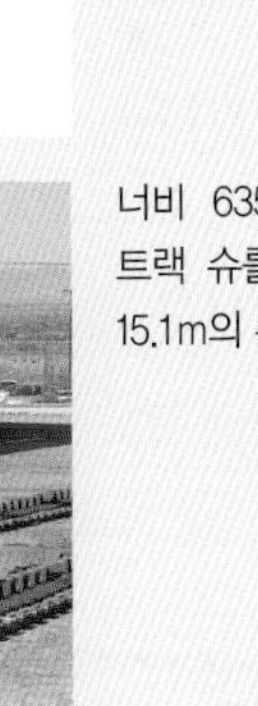

너비 635mm, 길이 194mm의 트랙 슈를 78개 연결해서 길이 15.1m의 무한궤도를 만든다.

(사진 제공 : 미국 해병대)

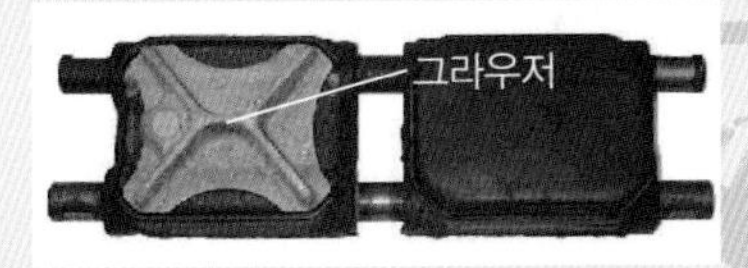


왼쪽이 M1 에이브람스의 T158 트랙 슈에 그라우저(미군에서는 아이스크리트라고 부른다)를 부착한 상태다. 고무 패드 대신에 부착하기도 한다. M1의 경우, 한쪽 무한궤도에 32개씩 부착한다. (사진 제공 : 밸리캐스트)

# 서스펜션의 구조 ❶
## – 정밀사격을 할 수 있어야 한다

전차의 서스펜션(suspension)은 무거운 중량을 지탱하면서 부정지를 주행할 수 있을 만큼 부드러워야 하고, 정밀사격을 할 수 있을 만큼 안정되어야 한다. 예전의 전차는 자동차처럼 코일 스프링이나 리프 스프링을 사용했다. 그러나 코일 스프링은 가공하기 어렵고, 양질의 스프링강을 생산할 수 있는 기술과 설비가 있어야 했다. 무거운 중량을 지탱하기에도 부적합했다. 리프 스프링은 무거운 중량을 견딜 수 있고 재료의 제한도 없으며 구조도 단순하지만, 충격 흡수 면에서는 코일 스프링보다 떨어진다. 그래서 3세대 전차 중에서 아직까지 스프링을 서스펜션으로 사용하는 전차는 이스라엘의 메르카바뿐이다.

최신 서스펜션은 자동차의 에어 서스펜션과 비슷한 유기압 서스펜션이다. 자동차의 에어 서스펜션은 충격 흡수와 신축 길이를 제어하는 데 기체(氣體)를 사용한다. 반면에 유기압 서스펜션은 충격을 피스톤 내의 기체(대부분 질소)에서 흡수하고 유압 실린더의 한쪽을 고압의 오일로 조정해서 신축 길이를 제어한다. 이렇게 함으로써 차량의 높이나 자세를 제어할 수 있다. 그러나 고압 오일펌프는 1/1,000mm 단위의 공작 정밀도가 요구되므로 제조비용이 비싸다.

3세대 전차는 부정지에서의 승차감과 안정성을 중시한다. 그러므로 프랑스의 르클레르와 영국의 챌린저 1/2는 유기압 서스펜션을 채택했고, 일본의 90식 전차/TK-X와 한국의 XK2는 자세까지 적극적으로 제어할 수 있다. 이는 지형을 이용해서 포격을 하기 위해서다.

라인메탈볼디히사가 1926~1929년에 개발한 전차 중트랙터 II의 회전바퀴와 서스펜션. 2개 1조의 회전바퀴를 리프 스프링의 양 끝에 달고, 암(arm)으로 그 스프링을 차체에 부착하는 구조다.

MBT-70에 앞서 시제품이 나온 T95 전차. 유기압 서스펜션으로 차량의 높이와 자세를 바꿀 수 있다.
(사진 제공 : 미국 육군)

# 서스펜션의 구조 ②
## – M1 에이브람스는 토션 바 방식

현재 주요 전차들은 토션 바 방식을 사용한다. 란츠베르크사가 1934년에 개발한 L60 전차에서 처음으로 실용화한 것이다. 란츠베르크사는 베르사유 조약으로 전차 개발이 금지된 독일을 떠나 스웨덴에서 창업한 독일 자본의 기업이다. 토션 바 방식은 매우 단순한 구조이지만 기존의 스프링식 서스펜션보다 성능이 뛰어나다. 비용과 신뢰성 면에서 후에 등장한 유기압 서스펜션과 비교해도 우수해서 제2차 세계대전 이후에 개발한 전차의 주류가 되었다. 3세대 전차 중에서는 독일의 레오파르트 2, 미국의 M1 에이브람스가 이 토션바 방식을 채택했다.

토션 바는 비틀림봉이라고도 부른다. 토션 바는 금속의 비틀림 탄성을 이용해서 충격을 흡수한다. 토션 바를 채택한 전차는 바퀴 배치가 좌우 비대칭이다. 토션 바가 차체 옆면의 구멍을 통해 좌우로 가로질러 차체 내벽에 고정되기 때문이다. 좌우의 바퀴는 토션 바의 부착 구멍만큼 앞뒤가 어긋나 있다.

M1 에이브람스는 차내에 좌우 7개씩 회전바퀴가 있기 때문에 14개의 토션 바가 차체 바닥 부위를 관통한다. 이 서스펜션의 상하 신축 너비는 381mm다. 이전의 M60 패튼의 182mm에 비하면 서스펜션이 매우 유연해졌고, 지형 추종성도 양호해졌다. 그리고 앞쪽 2개의 회전바퀴와 가장 뒤쪽의 회전바퀴에 로터리식 유압 덤퍼를 병설해서 그 능력을 높였다. 이렇게 함으로써 전차계의 캐딜락(Cadillac)이라고 불릴 만큼 승차감이 편안해졌다.

## 토션 바의 구조

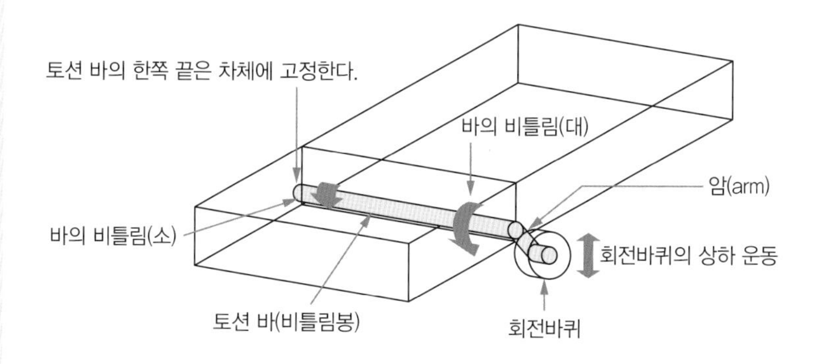


암을 통해 회전바퀴의 상하 운동을 토션 바의 비틀림으로 변환한다. 바의 비틀림 탄성이 서스펜션의 하중 흡수 기능을 담당한다. 바의 재질이 일정한 경우, 바가 길수록 회전바퀴의 신축 길이도 길어진다. 따라서 전차는 차체 너비와 동일한 길이의 토션 바를 설치한다.

포탑링에서 M1 차체 바닥 부위를 바라본 사진. 차체의 좌우 방향으로 토션 바가 2개씩 묶인 튜브를 볼 수 있다. 사진 오른쪽 위가 차량 전방이다. (사진 제공 : GDLS)

# 파워 팩
## – 기관부만 간단히 교체할 수 있다

전차에서 파손되기 가장 쉽고, 항상 정비해야 하는 부분이 엔진과 변속기다. 제2차 세계대전 중 독일군은 전투로 파괴된 수많은 전차를 포기했다. 그에 못지않게 연료가 떨어지거나 변속기 및 엔진이 고장 나 움직이지 못하게 된 전차를 제때 수리하지 못해 포기하는 경우도 많았다.

제2차 세계대전이 끝난 후 자동차 기술이 발달하면서 엔진과 구동바퀴를 가까이 두는 전방 엔진 전륜 구동(front engine front wheel drive, FF) 방식이 실용화되었다. 전차도 엔진과 기동바퀴를 가까이 배치해서 일체화한 파워 팩(Power Pack)으로 바뀌기 시작했다.

파워 팩은 엔진, 변속기 및 그에 수반되는 보조 기기를 하나로 묶은 것이다. 기관실의 상자형 공간에 넣을 수 있도록 모든 기기를 직사각형 안에 돌출부 없이 밀어 넣는다.

이렇게 하면 파워 팩의 고정부와 기동바퀴 및 구동축을 분리하여 기관부를 통째로 쉽게 들어낼 수 있다. 예를 들어, 야외 정비를 할 때 기관부가 손쓸 수 없을 정도로 고장 나면, 고장 난 기관부를 통째로 들어내고 잘 정비한 파워 팩으로 교환하면 된다. 그러면 고장 나서 움직이지 못하는 전차를 트레일러에 싣고 후송하지 않아도 되므로, 전차의 가동률을 높일 수 있고 병참의 부담도 줄어든다.

또한, 기관실의 사이즈만 적당하다면 특별한 개조 없이 구식 전차의 엔진을, 가볍고 출력 높은 신형 엔진으로 교환할 수 있게 된다. 무기 비즈니스에서는 구식 전차의 파워 팩을 교환하는 일이 매우 매력 있는 아이템으로 간주되고 있다.

일체화된 엔진과 변속기는 통째로 들어낼 수 있다. 그 덕분에 정비지원이 신속해서 전선 복귀가 빨라졌다. (사진 제공 : 미국 해병대)

MTU사의 MT883 Ka-500 엔진(V12, 배기량 27.3L)과, 렝크사의 자동변속기 HSWL295TM을 조합한 유로 파워 팩. 크기 2,100mm×2,060mm×1,183mm, 중량 5,460kg이다. 기존 파워 팩보다 1m 짧지만 1,500마력을 발휘한다. 르클레르 전차의 수출형에 장착한다. (사진 제공 : MTU)

# 가스 터빈 엔진 'AGT-1500C'
## - 연비는 나쁘지만 크기가 작고 출력이 크다

M1 에이브람스는 전차로서는 드물게 가스 터빈 엔진을 채택했다. 가스 터빈 엔진을 선택한 이유는 디젤 엔진보다 작고 가벼우며, 부품 개수가 적어서 제조 · 정비 비용이 낮고, 연료를 헬리콥터와 같이 쓸 수 있기 때문이다. 엔진은 베트남 전쟁에 대량 투입했던 UH-1 이로쿼이(Iroquois)에 사용했던 텍스트론 라이커밍 T56 터보 샤프트 엔진이 원형이다. 터보 샤프트 엔진은 연소로 얻은 에너지를 모두 샤프트의 회전 출력으로 변환하는 동력원이다.

M1 에이브람스의 AGT-1500C는 압축기, 연소실, 터빈 등 핵심 부분의 구조를 그대로 두고 지상에서 사용하기 위해 커다란 방진 필터를 설치했다. 출력 터빈의 22,500 rpm을 감속기어를 통해 차량에서 사용할 수 있는 300~3,000 rpm까지 떨어뜨린다.

M1 에이브람스는 가스 터빈 엔진으로 급가속을 할 수 있게 되었다. 약 70t의 차체를 **정지 상태에서 32 km/h까지 가속하는 데 겨우 6.2초** 걸린다. 노상에서의 최고 속도는 67.2 km/h(M1A2)인데, 변속기와 무한궤도가 손상되는 것을 고려하지 않는다면 112.6 km/h까지 달릴 수 있다. 그러나 **연비는 나쁜 편이다. 건조한 일반 도로를 40.2 km/h로 주행하면 연비가 243 m/L밖에 나오지 않는다.** 레오파르트 2의 458 m/L와 비교하면 큰 차이다. 그러므로 M1 에이브람스는 다른 3세대 전차에 비해 약 50% 많은 1,912.5 L의 연료를 탑재한다. 970 L는 차체 전면의 조종석 양옆에 둔다. 피탄되면 폭발 위험이 크다.

## M1 에이브람스의 가스 터빈 엔진 'AGT-1500C'

배기음은 고주파 성분이 많아서 감쇠가 빠르기 때문에 디젤 엔진에 비해 조용하다.

**종류** : 3스풀, 프리 샤프트형 터보 샤프트 (복열 장치)

**공기 유입구** : 방진 필터, 벨마우스

**압축기** : 2스풀, 5단 축류 저압 압축기, 4단 축류 고압 압축기, 1단 원심 고압 압축기

**터빈** : 3스풀, 1단 축류 고압 터빈, 1단 축류 저압 터빈, 2단 자유 출력 터빈(가변 터빈 노즐)

**배기** : 상방 과류 배기, 복열 장치 부착 단배기관

**출력** : 1,500 shp/3,000 rpm/22,500 rpm (출력 터빈)

**최대 토크** : 546.1 kfm(5355.5 Nm)/1,000 rpm

**자체 중량** : 1,111.3 kg

**출력중량비** : 61 : 1

**압축비** : 16 : 1

**연료 소비량** : 204 g/shp/시간

(사진 제공 : 텍스트론 라이커밍)

## AGT-1500C의 단면

(사진 제공 : 텍스트론 라이커밍)

# 자동변속기 'X1100-3B'
## - 제자리선회도 가능케 한다

자동변속기는 엔진의 출력을 기동바퀴에 전달하는 장치이다. 의외로 들리겠지만, 전차의 주행성능을 좌우하는 부분이라고도 할 수 있다. 전차는 처음 등장했을 때부터 두 가지의 취약점이 있었다.

첫째, 가속기의 고장이다. 엔진 출력을 흡수할 수 있을 만큼의 강도와 큰 중량을 구동할 때의 반작용을 견디는 강도를 동시에 지니는 가속기를 만들기는 쉽지 않다. 특히 전자는 아직도 해결되지 못한 부분이다. M1 에이브람스의 경우 1,500마력의 엔진을 장착했는데, 변속기를 거쳐 기동바퀴에 전달할 수 있는 출력은 약 1,000마력뿐이다.

둘째, 가속기의 한계에 의한 전술 기동의 제한이다. 예를 들어, 제자리선회를 할 때는 가속기가 부드럽게 좌우의 출력을 차동해야 한다. 그러나 그러려면 고도의 기술과 확실한 강도가 필요하다. 제2차 세계대전 중 제자리선회를 할 수 있는 변속기를 생산한 나라는 독일과 영국뿐이었다. 미국이 이런 변속기를 실용화한 것은 제2차 세계대전이 끝난 후다.

M1 에이브람스의 디트로이트 디젤 앨리슨 X1100-3B는 전진 4단, 후진 2단의 자동변속기이며 제자리선회를 할 수 있다. X110-1C 유체 컨버터, 다중 디스크 브레이크, 엔진 오일, 50마력의 유압 구동 냉각 팬으로 오일을 냉각한다. 그리고 각 기어의 변속비는 전진/1단 : 5.877, 2단 : 3.021, 3단 : 1.891, 4단 : 1.278, 후진/1단 : 8.305, 2단 : 2.354이고, 최종 감속기의 기어비는 4.67이다.

## 자동변속기 'X1100-3B'

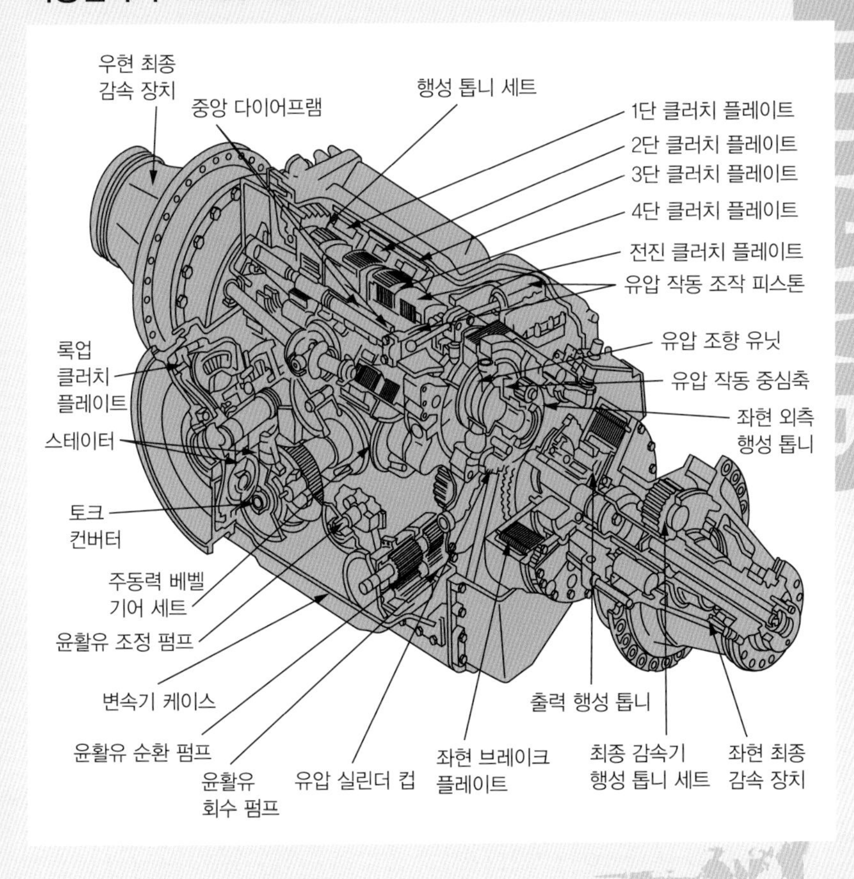

# 보급 · 정비
## – M1은 먹보라서 정비보급지원이 필수다

걸프 전쟁(1991년) 때 이라크로 진격한 미국 육군의 제7군단은 병력 146,000명, 전차 1,639대의 규모였다. 4일 동안 지상전을 치른 제7군단은 연료 32,933kL와 탄약 9,000t을 소비했다. 제7군단의 병력 가운데 절반은 이 물자를 전선까지 보내기 위한 보급부대였다. 그런데 제7군단 제1기갑사단이 지상전을 치르는 중에 2시간 동안 연료가 떨어지는 사태가 발생했다. **fuel hog**(연료 먹보)라고도 불리는 M1 에이브람스는 압도적인 병참 능력을 지닌 미군에게도 커다란 부담을 준다.

야전에서 정비를 할 때 승무원은 주변을 경계하면서 각자 맡은 임무에 따라 연료와 탄약을 보급하거나, 엔진을 수리하는 등 전차를 정상적으로 운용하는 데 필요한 노력을 다한다. 연료를 보급하는 데도 인력이 많이 소요된다. M1 에이브람스는 가동률이 저하되지 않도록 각 부품마다 내구 수명을 설정했다. 무한궤도의 내구 수명은 3,380km, 파워 팩의 내구 수명은 고장 간격 700시간(MTBF700)이다.

앞으로는 새 기술로 만든 부품으로 개조할 예정이다. 예를 들어 무한궤도는 4,828km까지 내구 수명을 늘릴 수 있는 트랙 슈로 바꿀 것이다. 그리고 엔진은 연비를 30% 향상하고 부품 개수를 43% 줄여서 고장 간격을 이전의 2배인 1,400시간으로 연장한 ACCE/LV100−5로 바꿀 것이다.

그리고 정비 시간을 단축하는 자기 진단 장치도 설치할 예정이다. 또한, POS 시스템과 동일한 기능을 지닌 포스 21 여단급 이하 전투지휘체계가 보급지원을 도와줄 것이다.

M978 급유차에서 연료를 받는 M1 에이브람스. 미군 M1의 연료는 등유가 주성분인 JP-8이다. 헬리콥터 연료와 동일하다. M1A1 AIM을 도입한 호주군은 보급과 가격을 고려해서 경유를 사용한다.
(사진 제공 : 오시코시)

포구 조준 교정기를 사용해서 조준선을 정렬하는 포수. (사진 제공 : 미국 육군)

# 전략 기동
## – 장거리를 이동할 때는 중장비 운반차를 이용한다

전차의 기동력은 매우 뛰어나지만 기동력을 발휘할 수 있는 시간이 짧다. 특히 장거리를 이동할 때에는 매우 비효율적이다. 그러므로 전선 근처까지 이동할 때는 중장비 운반차를 사용해서 소모를 줄인다. 미국 육군은 63.5t의 적재 능력을 지닌 M1070 견인차/M1000 세미 트레일러를 1,667대 도입해서, 각 사단의 중트럭 소대(24대)에 배치했다. 더 필요하면 군단의 96대를 사용할 수 있다. 그리고 바다를 건널 때는 대형 수송기나 선박을 사용한다.

미군은 전차 100대를 포함하는 차량 1,000대를 탑재하고 최대 속력 27노트를 낼 수 있는 고속 해상 수송함을 사용해서 33,000대(그중 전차는 2,200대)의 차량을 수송할 수 있다. 이는 3.5개 사단이 75일 동안 수송 작전을 수행해야 가능한 규모이다. 미군은 해상사전배치선단(Maritime Prepositioning Ships)을 편성해서 언제든지 분쟁 지역 근처로 파견할 수 있도록 대기시킨다.

해상사전배치선단은 1개 해병원정여단(병력 17,300명)이 30일 동안 작전을 수행하는 데 필요한 물자(M1A1 전차 30~58대, 155mm 30문, 병력 수송 장갑차 109대, 장갑형 HMMWV 129대 등)를 준비하고 있다가 출동 명령이 떨어지면 10일 만에 1개 분쟁지에 전개할 수 있다. 수송기는 속도가 빠르지만 한 번에 1~2대밖에 수송할 수 없으므로 공수에 의한 대규모 전개는 현실적으로 어렵다.

통계상 궤도식 차량은 300km 주행하면 한 번 고장 난다. 그러므로 작전 개시 지점 근처까지는 중장비 운반차(heavy equipment transporter, HET)로 이동한다.
(사진 제공 : 오시코시)

C-17 수송기에 탑재된 M1A1. C-17의 탑재량은 77톤이어서 M1 전차를 1대만 운반할 수 있다.
(사진 제공 : 맥도넬 더글러스)

'리포저 86' 훈련 중 고속 해상 수송함 안타레스에서 M60 전차를 하역하고 있다.
(사진 제공 : 미국 해군)

COLUMN 5

# 잠수 도섭

수륙양용이 아닌 장갑 차량이 다리나 선박을 이용하지 않고 하천을 건너는 데는 두 가지 방법이 있다. 첫째는 **부항(浮航) 스크린을 둘러 물 위를 이동하는 방법**이고, 둘째는 **그대로 물에 들어가 하천 바닥을 밟고 나아가는 방법**이다.

전자는 비교적 가벼운 장갑차나 경전차가 사용하는 도하 방법이다. 방수 캔버스로 만든 부항 스크린으로 차체 외부를 위쪽으로 잡아당기듯 두 겹으로 두르고 그 사이에 공기를 불어넣어 흘수선이 깊은 **배**처럼 만들어서 차체를 띄운다. 매우 번거로울 뿐 아니라 수면이 잔잔할 때만 사용할 수 있기 때문에 요즘에는 잘 이용하지 않는다.

후자는 **스노클**(snorkel)로 흡기구와 배기구를 수면 위로 연장해서 하천 바닥을 밟고 나아간다. M1 에이브람스의 경우, 흡기구가 있는 차체 뒷부분에 물이 닿지 않는다면(수심 1.22m까지) 아무런 준비 없이 도섭(渡涉)할 수 있다. 수면 위에 흡기관을 연장하는 스노클을 부착하면 수심 2.29m까지 건널 수 있다. 그러나 호안(護岸)이 콘크리트인 경우에는 도섭하기가 어렵다.

스웨덴의 Strv.103(통칭 S 탱크)이 부항 스크린을 두른 상태.

해병대 사양 HC(26쪽 참조)는 양륙 작전용 스노클과 주포구 마개를 장착하고 잠수 도섭할 수 있다. (사진 제공 : 미국 해병대)

제 6 장

# 전차의 역사와 M1 에이브람스의 호적수들

전차는 각 나라의 전쟁 환경과 전투교리에 따라 개발된다.
M1 에이브람스는 유럽의 평원에서 노도처럼 질주하는
소련의 T-72와 대결하기 위해 탄생했다.
이 장에서는 전차의 역사와 함께 M1 에이브람스의
호적수가 되는 전차들을 소개한다.

이라크 전쟁에서의 '챌린저 2'. 챌린저 1에서 156군데 개량했다. (사진 제공 : 미국 국방부)

# 전차의 역사 ❶
## – 전후 1세대

전차는 제1차 세계대전 때 등장했다. 제2차 세계대전 중반까지는 그 운용법을 둘러싸고 시행착오를 거듭했다. 결국 전차를 집단적으로 운용하게 되었고, 전차를 저지할 수 있는 것은 전차뿐이라는 논리도 발전했다. 전후 1세대 전차는 그런 논리의 연장선상에서 개발되었다. 출발점이 된 전차는 제2차 세계대전에서 활약한 소련의 **T-34**다. 주포를 85mm 포로 바꾸어도 공격과 방어의 균형이 무너지지 않는 탁월한 능력 때문에, 소련과 소련의 위성국의 주전력이 되었고, 서방측에 커다란 위협이었다.

이 T-34를 격파할 수 있는 전차는 88mm 포를 장착한 독일의 타이거 I(Tiger I) 중전차였다. 미국과 영국의 경우는 제2차 세계대전 중에 '타이거 킬러'로 개발한 **M46/47/48 패튼**(Patton)과 센추리언(Centurion)을 제1세대 전차라고 할 수 있었다. 이들 제1세대 전차는 엔진 출력을 높여 기동력을 향상했지만, 실질적으로는 타이거 I의 중장갑과 초속도가 높은 대구경포의 개념을 그대로 모방한 데 불과했다. 제2차 세계대전에서 사용하던 50t이 넘는 중전차를 중형 전차로 재구성한 셈이다.

서방진영에서 'T-34 킬러'가 널리 갖춰지자 소련은 서방진영의 전차를 뛰어넘기 위해 **T-55**를 개발했다. T-55는 높이가 낮고, 포탄을 튕겨내는 피탄경화(86쪽 참조) 능력이 양호한 **둥그스름한 포탑**에 100mm 포를 장착했다. T-55 전차를 10만 대 이상 생산해서 높은 질을 추구하던 서방진영에 양으로 대항했다. 이로써 1세대 전차는 구경 90~100mm의 포, 100~200mm의 장갑 두께, 피탄경화를 채택한 곡면적인 디자인의 주조 포탑 등이 표준이 되었다.

## M48A3 패튼

미국의 1세대 전차 M48 패튼. 제2차 세계대전 때의 T26 퍼싱에서 발전한 전차다. 90mm 포를 장착한 M48 패튼은 M47 패튼과 함께 서방진영에 널리 배비되었다. (사진 제공 : 안도 히데야)

## T-55

소련의 1세대 전차. 당시 서방진영이 사용하던 90mm 포를 뛰어넘는 100mm 포를 장착했다. 10만 대 가까이 생산했다. 세계의 분쟁 지대에 가면 어김없이 볼 수 있다고 할 정도로 전 세계에 널리 퍼진 전차다. (사진 제공 : 안도 히데야)

# 전차의 역사 ❷
## – 전후 2세대

1960년대 후반부터 보병이 휴대하거나 장갑차 혹은 헬리콥터에서 쏠 수 있는, 높은 장갑 관통력을 지닌 대전차 미사일이 실용화되면서 전차가 일반적으로 불리해졌다. 특히 1973년의 제4차 중동전쟁에서 이스라엘군 기갑부대가 이집트군 보병부대의 대전차 미사일 때문에 겨우 3일 동안에 265대의 전차를 잃었다는 사실은 전차 불용론까지 야기하게 만들었다. 그 결과 각국은 2세대 전차 개발을 서두르게 되었다.

미국과 영국은 50t이 넘는 1세대 전차 M48 패튼/센추리언의 기본적인 개념은 그대로 둔 채, 사격통제장치와 주포를 대구경화해서 위력을 높인 M60 패튼/치프틴을 개발했다.

한편, 국력이 회복된 독일, 프랑스, 일본은 105mm 강선포를 주포로 채택했다. 그리고 전차 자체의 본질인 장갑 방어 개념을 탈피하여 기동력으로 대전차 미사일을 피하도록 전차전의 개념을 전면 수정하고자 하였다. 이렇게 함으로써 차량 무게가 약 40t으로 줄고, 포탑에 피탄경화 개념을 도입하여 최대 장갑 두께가 약 70mm까지 얇아진 전차를 수용했다(당시의 대전차 미사일은 사수가 육안으로 조종하는 유선 유도 방식이 주종으로서 비행속도가 매우 느리게 설정되어 있었다).

이에 대항하는 소련은 무게 증가를 억제하고 1세대 전차의 능력을 확대하는 방법을 취했다. 날개안정철갑탄(APFSDS)이나 대전차 고폭탄(HEAT)을 운용할 것을 전제로 한 115~125mm 활강포를 도입했다. 그리고 강판에 티타늄과 세라믹 등을 조합한 200mm 이상의 복합 장갑을 적용했다. 후에 서방측 3세대 전차가 활강포와 복합 장갑을 도입한 것을 보면 소련의 접근법은 옳았다고 할 수 있다.

## 레오파르트 1 A5

서독이 개발한 2세대 전차. 105mm 포를 장착했다. 대전차 미사일의 전성시대에는 최대 장갑 두께가 70mm까지 줄었다. 최대 65km/h의 기동력으로 미사일을 피할 수 있었다. (사진 제공 : KMW)

## T-72

복합 장갑으로 만들었고, 주포는 날개안정철갑탄을 발사하는 125mm 활강포다. 3세대에 가장 가까웠던 소련제 전차다. (사진 제공 : 안도 히데야)

# 전차의 역사 ③
## – 전후 3세대

소련의 T-64 전차를 시작으로 여러 전차들이 기존의 철강 외의 복합 장갑을 장착하면서, 전차의 방어력은 대전차 미사일의 파괴력을 견딜 만한 수준에 이르렀다. 그리고 서방측도 복합 장갑의 가치를 알고 난 후 2세대 전차의 설계를 획기적으로 바꾸었다.

가장 먼저 날개안정철갑탄(APFSDS)이 등장했다. 이 포탄은 소련의 T-62가 처음으로 사용했다. 날개안정철갑탄은 포구에서 발사된 직후에 포구경보다 훨씬 가느다란 탄심이 초고속으로 날아가는 포탄이다. 탄심에 열화우라늄이나 텅스텐 같은 질량이 큰 소재를 사용해서 장갑 관통력을 높이기 위해 회전을 주지 않고, 직진성을 높이기 위해 다트 모양의 날개를 달았다.

더불어 포 주변의 설계도 변했다. 주포는 포탄에 회전을 주지 않도록 강선을 제거하였고(smooth bore), 탄자가 걸리지 않도록 포신 끝의 포구 제동기를 없앴다. 포탄을 튕겨낼 요량으로 만든 둥그스름한 포탑의 형상도 의미가 없기 때문에 평면으로 바뀌었다.

기동력은 2세대보다 더욱 중시되어, 50t이 넘는 차체를 70km/h 이상으로 가속하기 위해 엔진의 출력을 증강하여 약 1,500마력 엔진을 갖췄다. 주행 성능도 드리프트 주행을 할 수 있을 정도로 높였다.

그러나 **3세대 전차의 결정적인 요소**는 전자화(vetronics)라고 할 수 있다. 환경 센서, 탄도 계산 장치, 포 안정화 장치 등을 적극적으로 수용한 것이다. 이런 사격 관리 장치는 경이적인 명중률을 실현하고, 2세대와는 현격한 능력 차이를 가져다 주었다.

## 레오파르트 2

서방측의 첫 3세대 전차이며, 현재의 기준을 확립한 전차다. 뛰어난 사격통제장치로 뒷받침된 120mm 포와, 대전차 미사일의 파괴력을 뛰어넘는 방어력으로 전차가 '지상의 왕자'로 복귀하는 데 큰 영향을 미쳤다. (사진 제공 : KMW)

## 챌린저

서방측에서 초밤이라고도 불리는 복합 장갑을 처음으로 채용한 전차다. 걸프 전쟁에서는 M1A1 에이브람스와 함께 이라크군 전차를 일방적으로 격파했다. (사진 제공 : 미국 국방부)

# 전차의 역사 ④ – 전후 3.5세대

1990년대에 출현할 것으로 보였던 4세대 전차는 냉전이 종결되면서 개발이 정체되었다. 예상되었던 4세대 전차의 조건은 **120mm 포를 상회하는 파괴력을 지닌 주포, 위협도에 따라 증감할 수 있는 장갑, 네트워크에 의한 전투정보관리**였다.

그러나 현재의 3세대 전차로도 장갑과 장비를 추가하면 차체 무게가 70t에 육박하게 된다. 140mm로 예상되는 차기 전차포에 적합한 방어력을 갖추려면, 전차는 지상전에서 운용할 수 있는 한계를 넘어설 가능성이 있게 된다. 냉전이 종식된 후에 늘어난 대게릴라전이나 시가전에서는 전차가 무용하다고 평가되었다. 게다가 높은 전압으로 포탄을 태워 없애는 전자장갑이나, 전자유도방식으로 포탄을 발사하는 레일건(rail gun)은 전차의 발전 능력으로 적응/대응할 수 없기 때문에 실용성 있는 기술이라고 하기 어렵다.

그래서 각국은 기존의 3세대 전차에 4세대 요소의 하나인 '네트워크에 의한 전투정보관리'만 추가해서 전투 효율을 높이는 길을 선택했다. 1991년의 걸프 전쟁에서 전 지구 측위 시스템(GPS)으로 아군의 정확한 위치 정보를 공유하는 것만으로도 정보 면에서 우위를 점하고 전력을 적합하게 사용할 수 있었기 때문이다.

이제 전차는 설계 단계에서 장갑을 증보할 수 있는 모듈러 방식을 도입한다. 그런데 이는 위협에 대응해서 장갑을 바꾼다는 적극적인 의미가 아니라, 나중에 더 좋은 장갑이 개발되면 그것을 도입하기 쉽도록 한다는 의미가 강했다. 전투환경의 변화에 따라 적용한 센서, 무장, 장갑 등을 두고 0.5세대 앞선 장비라고 부르기에는 무리가 있다.

## 르클레르

전자 장비를 첨가한 것이 아니라 처음부터 데이터 링크를 설치할 것을 전제로 설계한 것이기 때문에 완전한 시스템 패키지라고 할 수 있다. (사진 제공 : Nexter)

## 레오파르트 2 A6

데이터 링크와 장갑을 증강한 후, 주포를 55구경 120mm로 바꾸어 3.5세대로 발전한 레오파르트 2. 르클레르나 M1A2 SEP에 비하면 전자화의 정도가 소극적이다. (사진 제공 : KMW)

# 에이브람스의 호적수 ❶
## – 레오파르트 2(독일)

레오파르트 2는 서방측의 첫 3세대 전차다. 서독은 1964년부터 미국과 공동으로 KPz70/MBT70 전차의 개발을 추진했는데, 개발 비용이 폭등하여 1969년에 계획에서 이탈, 독자적으로 신형 전차 계획을 시작했다. 1972년부터 1974년까지 시제차 16대를 만들고, 조준 장치를 간소화한 레오파르트 2 AV를 제작해서 XM1 전차와 비교 평가를 받았다. 그 개량형이 레오파르트 2이며, 1977년부터 생산하기 시작했다. 포탑은 수직면으로 구성된 중공 장갑이고, 주포는 120mm 활강포다. 지금까지의 2세대 전차와 확연히 다른 전차가 등장한 것이다. 1987년부터 복합 장갑을 장착했다.

레오파르트 2는 독일군에 2,125대 배치되었고, 냉전 종결 후에는 수출하기 시작하여 3세대 전차의 표준이 되었다. 독일군은 장갑을 강화한 A5, 주포를 장포신 55구경으로 교체해서 사정거리를 늘린 A6를 운용한다. 해외에 수출한 것들도, 포탑 전면에 상자 모양의 장갑을 추가한 스위스의 Pz.87 Leo WE, 차체 전면과 포탑 윗면에 장갑을 추가한 스웨덴의 Strv.122B처럼 독자적으로 개량하였고, 3,300대 이상이 생산되었다.

또한, 평화유지 활동에서의 시가전을 중시한 PSO(peace support operations)를 2006년에 발표했다. 차체 전면에 배토판을 장착하고, 포탑 옆면 후반부와 사이드 스커트 전반부에 장갑을 증강했으며, 차체 바닥면에 장갑판을 증설했다. 탄약수용 해치 뒤쪽에는 차내에서 원격 조작할 수 있는 총가를 설치했다.

## 레오파르트 2 PSO

시가지에서의 운용을 고려해서 주포를 짧은 44구경 120mm 포로 되돌렸다. (사진 제공 : KMW)

**생산국** : 독일
**승무원** : 4명
**중량** : 59.7t
**길이** : 9.97m
**너비** : 3.74m
**높이** : 3.00m
**무장** : 120mm 포×1, 7.62mm 기관총×2
**장갑** : 복합 장갑
**최대 속도** : 72km/h
※ A5의 데이터

## Pz.87 Leo WE

스위스 육군의 레오파르트 2 개량형. 독일과는 다른 형태로 장갑을 증설했고, 포탑 위의 기관총은 텔레비전 카메라를 통한 원격 조작 방식을 채택했다. (사진 제공 : RUAG)

# 에이브람스의 호적수 ❷
## – 챌린저 1/2(영국)

챌린저 1/2는 서방측 전차로서는 처음으로 복합 장갑을 설치했다. 영국 육군은 치프틴(Chieftain)의 후속 모델을 모색했는데, 불황으로 계획이 중단되는 등 난항을 겪었다. 그러던 중 치프틴을 토대로 개발한 이란용 '실(Seal) 이란 전차'가 1979년의 이란 이슬람 혁명 때문에 흐지부지되는 사태가 발생했다. 1979년 9월에 제작사 왕립 무기창을 구제하고자 '실 이란 전차'를 개량해서 챌린저로 채택했다.

챌린저 1은 복합 장갑 초밤을 설치해서 방어력이 비약적으로 향상되었다. 그러나 그 외에는 약간 개량되었을 뿐 기본 구조는 치프틴과 동일했다. 주포도 탄두와 장약이 분리된 분리 탄약 방식의 55구경 120mm 강선포를 장착했다. 챌린저 1은 1983년부터 취역해서 420대가 생산되었다. 1991년의 걸프 전쟁에 참전해서 1대의 손실도 없이 약 300대의 이라크군 전차를 격파했다.

챌린저 2는 챌린저 1을 토대로 2세대 초밤, 새로운 설계의 포탑, 신형 변속기 등 156군데를 개량했다. 2002년까지 영국용으로 408대를 생산했고, 오만에도 38대를 수출했다. 2003년의 이라크 전쟁 이후, 이라크에 120대를 파견했다. 그리고 주포를 라인메탈 55구경 120mm 활강포로 개조하는 작업이 진행 중이다.

## 챌린저 2

(사진 제공 : Royal Crown)

생산국 : 영국
승무원 : 4명
중량 : 62.5t
길이 : 11.55m
너비 : 3.52m
높이 : 2.49m(포탑 윗면)
무장 : 120mm 포×1, 7.62mm 기관총×2
장갑 : 복합 장갑
최대 속도 : 56km/h
※ 챌린저 2의 데이터

## 챌린저 2 장갑 강화 키트 장착형

이라크에서의 경험을 살려 차체와 포탑 전반부에는 폭발 반응 장갑을, 차체와 포탑 후방 주변에는 철망을 설치했다. (사진 제공 : Royal Crown)

# 에이브람스의 호적수 ❸
## – 90식 전차(일본)

90식 전차는 1977년부터 개발하기 시작해서 1990년에 제식화한 일본 육상자위대의 3세대 전차다. 300대를 생산하여 홋카이도를 중심으로 배치하였다. 주포는 서방측 전차의 표준이라고 할 수 있는 라인메탈 Rh120 44구경 120mm를 니혼제강소(日本製鋼所)에서 라이선스 생산해서 장착했다. 벨트식 자동장전장치와 유기압 서스펜션을 채용했다. 벨트식 자동장전장치를 장착함으로써 발사율을 안정화하고 부피를 축소할 수 있게 되었다. 유기압 서스펜션은 피치 방향의 자세와 차량 높이를 변경할 수 있게 되어서 능선에 숨어 사격할 수도 있게 만들었다. 또한, 주포의 포탑 정면 면적을 축소하는 데 한몫을 했다.

장갑은 세라믹 벌크를 티타늄 케이스에 넣어 타일 모양으로 배치한 구속 세라믹 장갑으로 추정된다. 이 방식은 관통체를 마모시키거나 관통체의 운동 에너지를 줄이는 데 효과적이다. 내장식 모듈러 장갑이므로 새로운 장갑으로 교환해서 업데이트할 수 있다. 3세대 전차는 60t을 넘는 것이 보통인데, 90식 전차는 50t으로 가벼운 편이다. 정면 장갑은 날개안정철갑탄(APFSDS)이나 다목적 대전차 고폭탄(HEAT-MP)에 여러 발 직격당해도 견딜 수 있고, 옆면도 35mm 날개안정철갑탄에 견딜 수 있다. 그리고 열영상으로 목표를 포착 · 추적하는 적외선 이미지 록 기구도 갖추어서, 고정밀도의 포 안정화 장치와 더불어 경이적인 명중 정밀도를 가지게 되었다. 일본의 우수한 전자 제어와 소재 기술이 접목된 전차라고 할 수 있다.

전차 자체로서는 세계 수준의 능력이지만, 3.5세대 전차에 요구되는 전투정보 공유 기능이 없으며, 현재 개조 계획도 없다.

## 90식 전차

(사진 제공 : 일본 육상자위대)

**생산국** : 일본
**승무원** : 3명
**중량** : 50.2t
**길이** : 9.76m
**너비** : 3.33m

**높이** : 3.05m
**무장** : 120mm 포×1, 12.7mm 기관총×1, 7.62mm 기관총×1
**장갑** : 복합 장갑
**최대 속도** : 70km/h

주행하면서 사격하는 90식 전차. (사진 제공 : 일본 육상자위대)

# 에이브람스의 호적수 ❹
## – 10식 전차(일본)

일본 육상자위대는 이미 90식 전차를 배치했지만, 50t을 넘는 무게 때문에 홋카이도 이외의 지역에서는 운용할 수 없었다. 게다가 배치 수량으로 보면 앞서 배치된 2세대 전차인 74식 전차가 여전히 주력이다. 그래서 74식 전차를 대체하기 위해 개발한 것이 차기 전차(10식 전차)이다. 10식 전차는 3.5세대 전차로서의 능력을 지니면서 경량화 · 압축화했으며, 2009년 12월에 제식화되었다.

주포는 니혼제강소에서 제작한 44구경 120mm 활강포다. 90식 전차와 동일하다. 연소 속도를 최적화한 장약과 그에 적합한 포를 적용하여 위력이 향상되었다. 장갑은 외장식 모듈러 장갑으로, 위협에 따라 장갑을 교체해서 더욱 유연성 있게 운용할 수 있다. 서스펜션은 74식 전차와 동일하게 피치 · 롤 방향으로 움직이는 유기압 서스펜션을 적용함으로써 차체 무게가 40t대이면서도 120mm 포의 반동을 견딜 수 있게 능동적으로 제어한다.

3.5세대 전차에 필수적인 GPS와 아군 전차와의 데이터 링크를 전투정보공유시스템으로서 장착할 예정이다. 데이터 링크 기능은 전투단 본부에서 보병에 이르기까지 아군의 모든 단위부대와 정보를 공유하는 연대 지휘 통제 시스템에 대응하며, 적확한 정보를 공유해서 신속한 판단을 내릴 수 있게 해준다. 개발비는 약 484억 엔, 목표 단가는 약 7억 엔으로 발표되었다. 3.5세대 전차가 일반적으로 10억 엔 이상인 점을 고려하면 이는 매우 낮은 비용이다. 전차의 방어력을 높이기 위해 운용 한계에 육박할 정도로 차체를 두껍고 무겁게 만드는 세계적 추세 속에서, 이 새로운 전차가 큰 주목을 받고 있다.

## 10식 전차

2008년 2월 13일에 공개된 일본 육상자위대의 10식 차기 전차. 4대 제작된 시제차 가운데 2호차다.
(사진 제공 : 일본 방위성 기술연구본부)

**생산국** : 일본
**승무원** : 3명
**중량** : 약 44t(전비중량)
**길이** : 9.42m
**너비** : 3.24m

**높이** : 2.30m
**무장** : 120mm 포×1, 12.7mm 기관총×1,
7.62mm 기관총×1
**장갑** : 복합 장갑
**최대 속도** : 70km/h

# 에이브람스의 호적수 ⑤
## – 르클레르(프랑스)

르클레르(Leeclerc)는 설계할 당시부터 전투정보공유시스템을 장착해서 탄생한 3.5세대 전차다. 3대의 컴퓨터가 수많은 서브시스템과 접속하는 분산처리 개념을 도입했다. 또한, 파인더스 전투 관리 시스템과 이콘 TIS 디지털 통신 장치는 차량 간은 물론, 상급 부대와도 전투정보를 링크할 수 있고, 집단 운용할 때의 전투 효율을 대폭 향상한다. 그리고 1분 이내에 6개의 목표를 동시에 추적 · 공격하는 능력이 있다.

주포는 GIAT F1 51구경 120mm 활강포이며, 벨트식 자동장전장치로 급탄된다. 사격 정밀도도 높고, 거리 3,000m의 움직이는 목표를 40km/h로 주행하면서 사격하는 경우, 초탄 명중률이 95%다. 장갑은 방탄강판의 외벽과 내벽 사이에 복합 장갑을 넣는 내장식이며, 세라믹계가 사용된다고 알려졌다. 파워 팩은 소형의 디젤엔진이지만 공기과급기(turbo super charger)를 장착하여 1,500마력(1,500shp)을 발휘한다. 그러나 설계가 정밀하며 충분한 지원 없이는 야전 정비하기가 어렵다는 단점도 있다. 프랑스 육군에 406대 인도되었다.

UAE용 트로피크 르클레르도 있다. 트로피크 르클레르는 차체를 연장하고, 동력을 독일제 디젤 엔진으로 만든 '유로 파워 팩'으로 바꿨다. UAE가 트로피크 르클레르를 388대 채택했다. 또한, 2006년에는 포탑 옆면, 차체 뒷부분, 엔진 그릴에 대전차 로켓 대책용 장갑을 설치했고, 포탑 위의 기관총을 원격 조작식으로 만든 시가전 대응 모델 르클레르 AZUR를 발표했다.

## 르클레르

(사진 제공 : Nexter)

**생산국** : 프랑스
**승무원** : 3명
**중량** : 56.0t
**길이** : 9.87m
**너비** : 3.71m

**높이** : 2.93m
**무장** : 120mm 포×1, 12.7mm 기관총×1, 7.62mm 기관총×1
**장갑** : 불명
**최대 속도** : 72km/h

외장식 모듈러 장갑으로 보이며, 포탑 주변의 상자는 장구함이다. 장갑은 장구함 안쪽에 있다.
(사진 제공 : Nexter)

# 에이브람스의 호적수 ⑥
## – C-1 아리에테(이탈리아)

C-1 아리에테(Ariete)는 세계적인 화포 제작사 OTO 멜라라와, 이탈리아를 대표하는 대형 자동차 제작사 IVECO가 공동으로 개발한 이탈리아의 3세대 전차다. 이탈리아 최초의 순수 국내산 전차이기도 하다. 시대에 뒤떨어진 1세대 전차 M47 전차의 후속으로 1984년에 개발하기 시작했다.

전체가 용접 구조이며, 차체 앞부분, 포탑 전면, 포탑 옆면 앞부분에 복합 장갑을 설치했다. 포탑 전면을 급한 경사로 처리했고, 왼쪽 면에는 포탑 내로 탄약을 탑재하는 데 사용하는 해치를 설치했다. 주포는 OTO 멜라라 44구경 120mm 활강포이며, 약실은 라인메탈 120mm 포와 동일한 사이즈다. 포탄은 레오파르트 2, M1 에이브람스와 호환성이 있다. 사격통제장치 갈릴레오 TURMS는 전차장용 주야 겸용 열영상 조준 사이트, 포수용 안정화 사이트, 사격통제 컴퓨터, 각종 센서, 포구 조합 장치, 전차장/포수/탄약수용 컨트롤 패널로 구성된다.

1986년에 시제 1호가 완성되었고, 1988년에는 제작사와 이탈리아 육군이 6대의 시제차로 450일 이상의 기술 시험과 실용 시험을 실시했다. 1990년부터 300대가 인도될 예정이었지만, 재정 위기와 냉전 종식으로 인해 200대로 감소되었고, 1995년부터 인도하기 시작했다. 2005년부터 SICCONA 항법 · 지휘 통제 시스템을 도입함으로써 3.5세대 전차로 발전한 셈이다.

또한, 2005년에 1,500마력급의 강력한 터보디젤 엔진을 장착했다. 유기압 서스펜션, 자동장전장치, 개량형 사격통제장치 등을 적용한 아리에테 Mk.Ⅱ는 예산 부족으로 중단되었다.

## C-1 아리에테

**생산국** : 이탈리아
**승무원** : 4명
**중량** : 54.0t
**길이** : 9.67m
**너비** : 3.60m
**높이** : 2.50m
**무장** : 120mm 포×1, 7.62mm 기관총×2
**장갑** : 복합 장갑
**최대 속도** : 65km/h

2004년부터 이탈리아군은 이라크에서 치안 유지 활동에 아리에테를 투입했다.(사진 제공 : 미국 국방부)

# 에이브람스의 호적수 7
## – T–90(러시아)

소련 육군은 T–72와 T–80 두 종류의 주력 전차를 운용해왔다. T–72는 동유럽과 아프리카의 여러 나라에도 수출한 염가의 전차이다. T–80은 전자 장비가 충실한 고급 전차이며 수출하지 않고 본국에만 배치했다. T–72는 튼튼한 복합 장갑과, 자동장전 125mm 활강포를 장착해서, 서방측의 3세대 전차 개발을 촉발했다. 그러나 1991년의 걸프 전쟁에서 수출형(이른바 멍키 모델)이 M1 에이브람스에 일방적으로 격파당해 평판이 뚝 떨어졌다. 그렇게 추락한 평판을 회복하기 위해 개발한 것이 T–90이다.

**T–90**은 T–72B를 토대로 개발을 시작했다. T–80U에 적용했던 사격 통제 장치를 전용해서 주포 발사형 대전차 미사일, 열영상 암시 장치, 폭발 반응 장갑, 능동 방어 장치 등을 갖추면서 고가의 T–80U와 크게 차이 나지 않는 능력을 구비하게 되었다. 그러나 **3.5세대에 필요한 전투정보공유데이터 링크는 갖추지 않았다.** T–90은 러시아 육군용으로는 200대 정도만 생산했다.

또한, T–72를 사용하는 각국에 개조 키트를 판매했다. 인도는 **T–90S 비시마**(Bhishma)로 라이선스 생산했다. 그 외에 T–72를 개량한 전차는 우크라이나의 T–72AG, 폴란드의 PT–91 트바르디, 크로아티아의 M–95 데그만 등을 들 수 있다. 장갑을 추가하거나 사격통제장치를 중심으로 전자 장비를 개량·교환한 것이 주 개조 내용이다. 이런 T–72 개량형은 최신 3.5세대 전차보다 능력이 뒤떨어지지만, 기존의 T–72의 능력을 적은 비용으로 대폭 향상할 수 있기 때문에 옛 소련 구성국과 동유럽이 수출 시장으로 떠오르고 있다.

## T-90S

(사진 제공 : 러시아 무기 수출 공사)

**생산국** : 러시아
**승무원** : 3명
**중량** : 46.5t
**길이** : 9.53m
**너비** : 3.78m

**높이** : 2.23m
**무장** : 125mm 포×1, 12.7mm 기관총×1, 7.62mm 기관총×1
**장갑** : 복합 장갑
**최대 속도** : 60km/h

※ T-90의 데이터

## T-72MP

우크라이나의 KBM이 개발한 T-72 개량형. (사진 제공 : KBM)

# 에이브람스의 호적수 ❽
## – 초르니 오숄(러시아)

초르니 오숄은 1980년대 중반부터 T-80U를 토대로 개발하기 시작한 신형 전차다. 1999년에 시제차가 공개되었다. 차체는 T-80U와 매우 닮았지만, 뒤쪽으로 연장해서 회전바퀴를 1쌍 추가했다.

포탑은 후방으로 각진 버슬을 갖춘 새로운 형태이며, 앞부분에는 복합 장갑과 폭발 반응 장갑을 조합해서 선인장(cactus)이라고 불리는 블록 방어 시스템을 갖췄다. 또한, 대전차 미사일로부터 차체를 보호하기 위한 능동 방어 장치도 장착할 수 있다.

주포는 140mm로 계획되었지만, 시제차는 T-72/80 계열과 동일한 125mm 활강포를 설치했다. 버슬에는 자동장전장치와 탄약을 수납하는 것으로 보인다. 그러나 개발 업체가 도산하면서 개발이 중단되었다.

### 초르니 오숄

**생산국** : 러시아
**승무원** : 4명
**중량** : 55.2t
**길이** : 9.67m
**너비** : 3.74m
**높이** : 2.79m
**무장** : 125mm 포×1, 7.62mm 기관총×2
**장갑** : 복합 장갑
**최대 속도** : 72km/h

# 에이브람스의 호적수 ⑨
## - 오브옉트 195/T-95(러시아)

오브옉트 195/T-95는 2010년경에 등장할 예정이었던 러시아의 최신예 전차이며, 상세한 데이터는 전혀 알려지지 않았다. 러시아의 주력 전차는 T-72/T-80/T-90으로 동일한 기본형을 토대로 현대화되어왔는데, T-72가 걸프 전쟁에서 참패하자 '구형 전차를 아무리 개조해도 세대 차이를 메울 수 없다'는 인식이 확산되었다. 이런 문제를 해결하기 위해 개발을 진행했지만, 2010년 4월에 중단했었다.

자동장전 시스템을 차체 쪽에 설치해서, 포탑을 무인화하여 정면 면적을 극단적으로 줄여 소형화하여, 피탄율을 대폭 줄이려고 노력했다. 능동 방어 시스템을 장착할 계획도 있었다. 승무원은 3명이며, 차체의 캡슐형 장갑 내에 탑승한다. 주포는 구경 135~152mm를 설치할 예정이었다. 전자 장치는 고정밀도의 사격 관리 통제는 물론, 전술 수준의 데이터 링크를 할 수도 있었다.

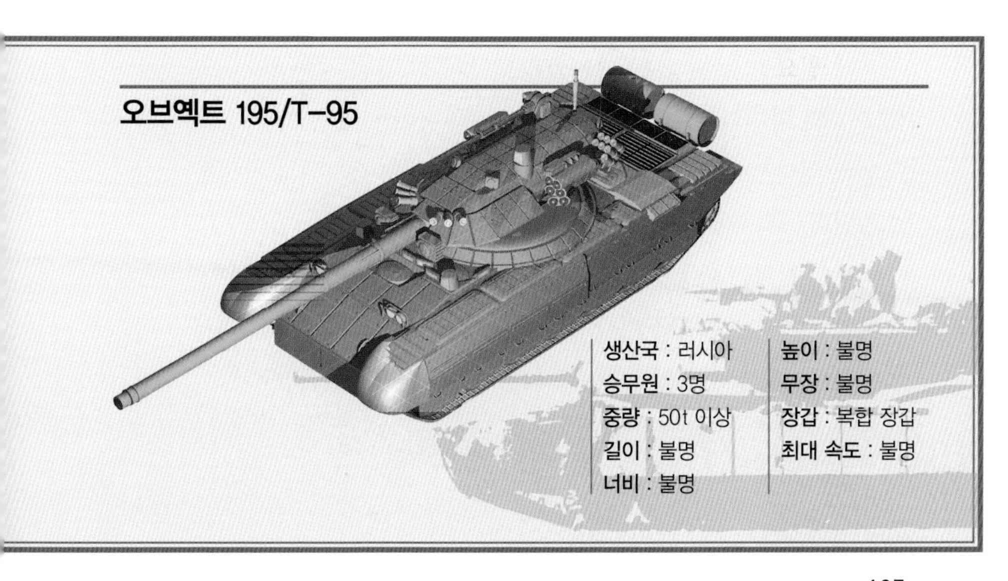

# 에이브람스의 호적수 ⑩
## - 99G식 전차(중국)

99G식 전차는 1999년의 군사 퍼레이드에 등장한 99식 전차의 개량형이며, 2001년에 공표되었다.

99식 전차는 주포와 자동장전장치 등에서 T-72 시리즈를 답습하지만, 사격통제장치와 엔진 등은 독일과 프랑스 등 서방측 기술을 도입했다. 장갑 방어력도 중시되어 120mm 활강포에서 발사되는 사정거리 2,000m의 철갑탄도 견딜 수 있는 것으로 보인다. 125mm 주포는 높은 관통력을 지닌 포강내 발사식 소련제 레이저 유도 대전차 미사일인 레플렉스도 발사할 수 있다.

다만, 99식 전차는 군사 퍼레이드 계획에 늦지 않기 위해 무리하게 개발되었기 때문에 아직 실용화되지는 못했다. 방어력이 군에서 요구하는 수준에 도달하지 못해서 100대 이하만 만들고 생산을 중단했다.

개량형인 99G식 전차는 폭발 반응 장갑을 증설했을 뿐 아니라, 엔진 출력을 향상하고 개량형 적외선 암시 장치도 설치했다. 또한, 3.5세대 전차에 필요한 전투정보공유시스템도 설치했고, 러시아나 우크라이나의 전차와 마찬가지로 대전차 미사일 능동 방어 시스템 JD-3을 설치한 모델도 있다. JD-3은 적 차량의 레이저 조준을 감지해서 작동하는 시스템인데, 레이저 통신 기능도 겸비했다고 알려졌다.

99G식 전차는 다른 3세대 전차와 비슷한 수준의 성능을 보유했지만, 중국군으로서는 무겁고 비싸서 200대밖에 배치하지 못했다. 현재는 더욱 가볍고 성능이 뛰어난 90-Ⅱ식(파키스탄과 공동개발)에 99G식 전차의 포탑을 설치한 신형 전차를 개발 중이다.

## 99G식 전차

생산국 : 중국
승무원 : 3명
중량 : 54.0t
길이 : 11.00m
너비 : 3.37m
높이 : 2.40m
무장 : 125mm 포×1, 12.7mm 기관총×1, 7.62mm 기관총×1
장갑 : 복합 장갑
최대 속도 : 80km/h

## 99식 전차

99G식 전차와의 외관상 차이는 포탑 전면의 장갑 모양이 다르다는 정도밖에 없다.

# 에이브람스의 호적수 ⑪
## – 메르카바(이스라엘)

메르카바는 1977년에 등장한 이스라엘의 전차이다. 탑승 인원을 보호하는 방호력과 대시가전 능력이 뛰어나다. Mk.3 이후에는 120mm 포를 장착하고, 뛰어난 전자 기기로 교체해서 3세대 전차가 되었다. 전체 둘레가 모두 2중 장갑이며, 기관실이 차체 앞부분에 있는 것이 특징이다. 이는 엔진도 방패로 삼아 승무원을 보호하려는 의도다. 차체 뒷부분의 중앙에는 승강 해치가 있는데, 탄약 컨테이너를 반출하면 승무원도 오르내릴 수 있다.

1989년부터 배치하기 시작한 Mk.3은 전면적으로 재설계하여 대형화하였다. 주포는 라인메탈제 Rh120을 토대로 만든 IMI제 120mm 활강포다. Mk.3 바즈는 사격통제장치에 자동 추적 장치가 달려 있어서 이동 목표를 공격할 수 있다.

2002년에 공표된 Mk.4는 더욱 철저한 사주경계 기능을 갖췄고, 복합 장갑을 외장식으로 설치했다. 포탑의 해치는 탄약수용을 폐지하고 전차장용만 남겼다. 포탑 주변은 상자 모양의 장갑을 외장식으로 증설하여 포탑 자체가 대형화되었다. 기관 · 구동계는 소형이며 강력한 독일제 MTU833 파워 팩(1,500마력)으로 전환해서 Mk.3의 약점이었던 주파성을 향상했다. 또한, 전투정보를 공유하는 데이터 링크인 전투 관리 시스템을 설치해서 3.5세대 전차로 발전했다. 그리고 2006년의 레바논 침공에 Mk.4가 52대 참가했는데, 신형 대전차 미사일과 간이 폭탄으로 18대가 파손되었고, 그중 2대는 완전히 파괴되었다. 승무원과 엄호 보병 10명도 사망했다. 그래서 2007년부터는 레이더를 사용해서 자동으로 대전차 미사일을 격파하는 트로피 능동 방어 시스템을 설치했다.

## 메르카바

(사진 제공 : israeli-weapons.com)

**생산국** : 이스라엘
**승무원** : 4명
**중량** : 65.0t
**길이** : 9.04m
**너비** : 3.72m

**높이** : 2.6m
**무장** : 120mm 포×1, 12.7mm 기관총×1, 7.62mm 기관총×2, 60mm 박격포×1
**장갑** : 복합 장갑
**최대 속도** : 64km/h ※ Mk.4의 데이터

메르카바 Mk.3 도르달레드. 120mm 포로 새롭게 바꾸었지만 포탑에 치명적인 약점이 있었기 때문에, 포탑 옆면에서 장갑을 증설했다. (사진 제공 : 이스라엘 국방군)

# 에이브람스의 호적수 ⑫
## - XK-2 흑표(한국)

**XK-2 흑표**(黑豹)는 2007년 3월에 처음으로 공개된 한국 최초의 국산 전차다. 대부분의 기술은 러시아, 독일, 프랑스에서 도입했다. 예를 들어 주포는 55구경 120mm, 벨트식 자동장전장치를 조합했는데, 포는 라인메탈에서, 자동장전장치는 넥스터에서 라이선스를 받았다. 복합 장갑은 프랑스와 러시아에서, 엔진 유닛은 독일 MTU사에서, 대전차 미사일을 감지·격추하는 능동 방어 시스템은 러시아 KBM사에서 기술을 전수했다. 한국이 독자적으로 설계한 부분은 서스펜션을 포함한 차체뿐이다.

주포는 산지가 많은 한반도에서 운용하기에 적합하도록 유기압 서스펜션에 의해 자세 변경을 할 수 있을 뿐 아니라 매우 높은 각도까지 앙각을 취할 수 있다. 포강내 발사식 미사일도 쏠 수 있다. 장갑은 외장식 모듈러 장갑이다.

승무원은 전차장, 포수, 조종수 등 3명이고, 바퀴 부분은 유기압 서스펜션을 채용했으며, 피치·롤 방향으로 자세를 바꿀 수 있다. 전차장과 포수는 각자 2축 안정화 장치를 갖춘 주야간용 열영상 사이트를 사용할 수 있고 포수를 오버라이드해서 전차장이 지시한 목표를 공격하는 헌터 킬러 모드로 사격할 수도 있다. 전투정보를 공유하는 차량 간 데이터 링크도 갖췄다.

2011년부터 배치할 예정이었지만 파워 팩을 개발하는 데 실패하면서 2014년 이후로 미뤄졌다. 가격은 83억 원으로 비교적 저렴하며, 한국 육군은 약 200대를 도입할 예정이다. 또한, 터키가 2007년 7월에 K-2 개조형을 채택했다.

## XK-2 흑표

(사진 제공 : ROTEM)

**생산국** : 한국
**승무원** : 3명
**중량** : 55.0t
**길이** : 10.0m
**너비** : 3.60m

**높이** : 2.50m
**무장** : 120mm 포×1, 12.7mm 기관총×1,
7.62mm 기관총×1
**장갑** : 복합 장갑
**최대 속도** : 70km/h

주행 시험 영상을 보면, 서스펜션에 문제가 있어서 정차나 연속 사격의 정밀도에 지장이 있을 것으로 추정된다. (사진 제공 : ROTEM)

COLUMN 6

# 전차의 천적

전차의 천적은 **항공기**다. 전차는 정면 이외의 장갑, 특히 포탑 윗면이나 엔진그릴이 있는 후부 윗면이 취약하다. 항공기는 전차의 주포보다 훨씬 구경이 작은 기관포를 사용하지만 공중에서 공격하기 때문에 치명적이다. 게다가 장갑 관통력을 지닌 클러스터 폭탄은 넓은 범위를 일시에 제압할 수 있으므로 매우 위력적이다.

**대전차 미사일**은 흔히 접할 수 있는 위협이다. 보병 2명이 운용하는 형태는 사거리가 2,000~4,000m다. 최근의 미사일은 전차포의 유효 사정거리 바깥에서 발사되면 일단 상승하여 장갑이 얇은 윗면을 공격한다. 미사일과 유도 장치는 매우 작아서 관목이나 언덕 뒤에 숨어 발사할 수 있다. 자동으로 목표를 추적하므로 사람이 유도할 필요 없이 표적에 명중하는 능력을 갖췄다.

단순하지만 **지뢰**도 대표적인 대전차 무기다. 지뢰의 작약은 5kg 이상인데, 전차용 지뢰는 100kg 이상의 압력이 가해져야 폭발한다. 전차에 치명적인 손상을 준다기보다는 무한궤도를 파손하거나 전차의 주의를 분산시키는 것이 목적이다. 그러나 여러 지뢰를 교묘하게 배치하거나 대인용 지뢰 혹은 여러 가지 트랩과 조합함으로써 매우 효과적인 방어 무기로 사용할 수도 있다.

이라크나 아프가니스탄에서 사용하는 **간이 폭탄**도 매우 위협적인 존재다. 간이 폭탄은 불발 폭탄에 간이 센서나 휴대전화에 의한 기폭 장치를 부착한 것인데, 작약량이 매우 많으므로 폭발하면 전차를 완전히 파괴할 수 있을 정도의 위력을 지닌다.

제 7 장

# 전차의 운용 방법

이 장에서는 전차의 운용 방법과 여단급 전투단의 구성,
전투를 치르는 장소에 따른 전차 운용의 차이점 등을 설명한다.
전차는 강력한 지상 전투 무기인데, 단독으로 운용하면 의외의 약점을 드러낼 수도 있다.
또한, 평탄한 지형에서는 최대의 능력을 발휘하지만, 시가지 등에서는
고전을 면치 못하는 경우도 있다.

이라크 파루자 시내의 교차로에서 경계하는 미국 해병대의 M1A1 HC. (사진 제공 : 미국 해병대)

# 전차의 운용
## – 전차와 보병이 일체가 되어 싸운다

전차는 시야가 좁아서 포위되었을 때 매우 취약하다. 전차 자체로는 그런 취약성을 극복할 수 없기 때문에 일반적으로 보병과 함께 행동한다. 전차가 중요한 목표를 파괴하는 동안, 보병이 진행 방향의 전방과 주변을 수색 · 소탕한다. 이를 보전협동이라고 하며, 이런 편성 부대를 제병합동부대 혹은 전투단이라고 부른다.

전차에 적합한 진격 속도를 확보하기 위해 보병은 보병 전투 차량(mechanized infantry combat vehicle, MICV) 혹은 병력 수송 장갑차(armored personnel carrier, APC)에 탑승해서 이동하는 것이 이상적이다. 전차와 보병이 일체화된 부대가 타격력을 높여 독립된 전투 단위로 움직일 수 있도록 화력을 간접 지원하는 포병, 진지 구축과 지뢰 처리를 담당하는 공병, 그리고 공격 · 정찰 헬리콥터를 포함하는 항공부대 등을 합쳐 대규모 제병합동부대를 편성할 수도 있다.

이처럼 전차와 보병을 일체화한 조합은 제2차 세계대전 당시 독일군의 전격전(blitzkrieg)에서 위력을 발휘했다. 독일군의 전격전에서는 항공기가 중무장 목표나 지휘 계통을 파괴하는 동안, 기갑부대는 적의 취약한 부분으로 돌입했다. 전선을 돌파하면 내부에 신속히 들어가 적의 연락선과 보급선을 끊어서, 혼란에 빠뜨려 포위 · 섬멸했다.

현대의 지상전, 특히 미군이 내세우는 공지전투(air–land battle)는 전격전을 더욱 다듬은 형태다. 전선의 부대가 적의 정면과 싸우는 동안에 항공기나 장사정 화력이 후방의 예비 부대를 파괴하면, 타격 부대가 신속한 기동으로 적의 후방 깊숙이 들어가 분단 · 섬멸하는 '기동전'이라 할 수 있다.

전차와 보병을 일체화해서 운용해야 최대의 위력을 발휘할 수 있다. (사진 제공 : 미국 국방부)

## 공지전투의 개념

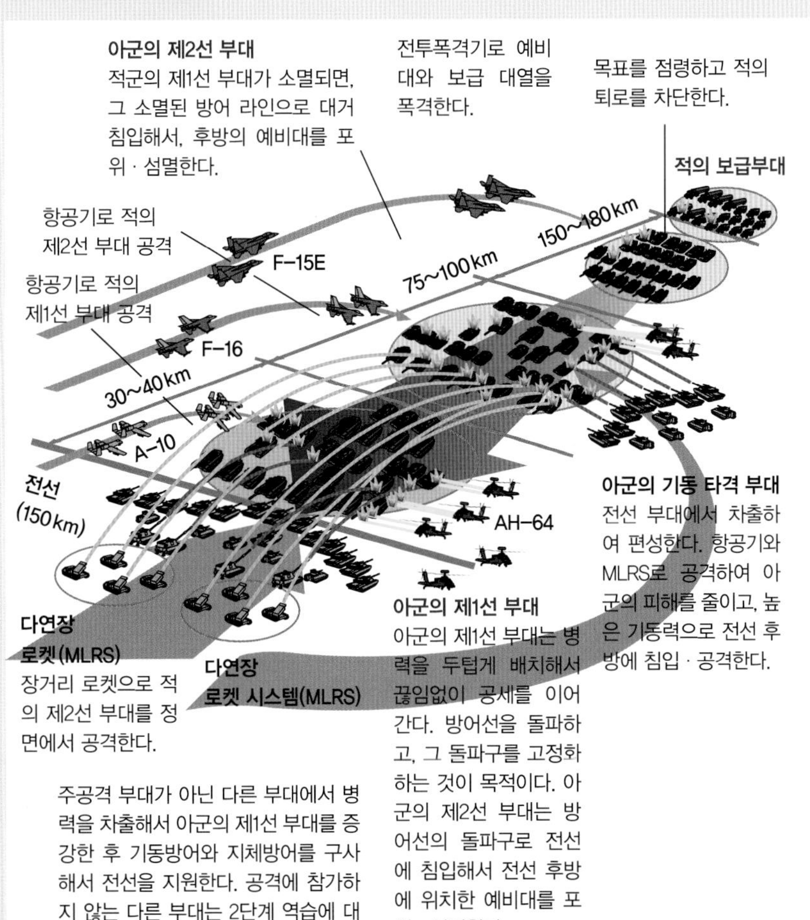

# 여단급 전투단의 구성
## – 유연하게 대응할 수 있어야 병력을 활용하기 쉽다

지상전력이 적절한 전력을 발휘할 수 있는 기본 단위는 15,000~20,000명의 사단이다. 그러나 작전을 벌이는 데 시간과 비용이 많이 드는 사단보다는 유연성 있게 작전할 수 있는 수천 명(연대~여단 규모)의 제병합동부대를 기본 전투 단위로 삼는 것이 최근의 추세다.

미국 육군은 현재 제병합동부대에 지원 부대를 합쳐 독립 전투 단위로 기능할 수 있는 여단급 전투단을 편성한다. 기갑 전력을 배치한 편성은 중여단 전투단이라고 부르며, 규모는 최대 3,800명이다. 이 가운데에는 M1 에이브람스 55대 이상, M2/3 브래들리 보병/정찰 전투 차량 85대 이상, M1064A3 자주박격포 14대, M109A6 팰러딘 자주포 16대, M1114 장사정 선진 정찰 감시 장갑차 40대가 포함된다.

그 외의 여단급 전투단으로는 병력 3,395명의 보병 여단 전투단, 긴급 전개에 뛰어난 경량 스트라이커 장갑차 309대로 편성하는 스트라이커 여단이 있다. 사단은 이 전투여단 4개에 항공여단 1개 이상, 화력여단 1개, 지원여단 1개를 포함해 편성한다.

예를 들어 한국에 전개하는 제2보병사단의 경우, 중여단×1, 스트라이커 여단×3, 항공여단(AH-64D 아파치 롱 보우 공격 헬리콥터 48대, UH-60 블랙호크 범용 헬리콥터 30대, CH-47D 치누크 수송 헬리콥터 12대 등)×1, 화력여단(M270 MLRS 36대)×1로 구성된다. 다만, 실제로 한국에 주둔하는 부대는 중여단, 화력여단, 항공여단뿐이며, 스트라이커 여단은 미국 본토에 머물러 있다.

## 미국 육군 중여단급 전투단의 조직

미국 육군 중여단급 전투단

- 제병연합대대×2
  - 대대본부
  - 본부중대
    - 의료중대
    - 정찰소대
    - 저격반
    - 박격포소대
  - 전차중대(M1 에이브람스 14대)×2
    - 전차소대×3
  - 기계화보병중대(M2 브래들리 14대)×2
    - 기계화보병소대×3
  - 기계화전투공병중대
- 정찰기병대대
  - 대대본부
  - 기병본부중대
  - 무장정찰기병중대×3
    - 무장정찰기병소대(M3 브래들리 3대, M1114 HMMWV 장사정 선진 척후 감시 시스템 탑재형 5대)×2
    - 120mm 중박격포반(M1064A3 14대)
- 야전포병대대
  - 대대본부
  - 포병본부중대
  - 155mm 자주포병중대(M109A6 패러딘 8대)×2
  - 목표포착반
- 여단특별임무대대
  - 대대본부
  - 본부중대
    - 헌병소대
    - 지원소대
    - 대특수무기정보소대
  - 여단 사령부와 사령부중대
  - 군정보중대
  - 네트워크통신중대
- 여단지원대대
  - 대대본부
  - 본부중대
  - 보급중대
  - 정비중대
  - 의료중대
  - 전방지원중대(제병연합)×2
  - 전방지원중대(정찰 및 감시)
  - 전방지원중대(야전포병)

# 전차를 운용하는 장소 ❶
## – 평지

평지는 전차의 능력이 가장 잘 발휘되는 장소다. 진격 속도가 빠른 전차가 주로 활용되며, 보병은 장갑차(IFV 또는 MICV)에 탑승해서 전차를 쫓아간다. 전차 부대는 적진에 돌파구를 내는 역할을 맡으며, 후속 보병 부대가 그 돌파구를 확장하고 전선을 고정한다. 1개 소대는 전차 4대로 편성하고, 2대 1조로 행동한다. A조가 적을 공격하는 동안, B조가 옆면으로 우회해서 협공한다. 소대는 지형이 허락하는 한 서로를 지원하고 화력을 발휘할 수 있는 쐐기나 사다리 형태의 진형을 취한다. 3개 소대+중대본부(전차 2대, 범용 차량 2대, 5t 트럭 1대)=1개 중대가 된다.

진군 중에는 구릉, 관목, 마른 하천 등의 지형을 이용해서 적군의 사격을 피한다. 그런 지형에는 적군이 매복해 있을 가능성도 있으므로 정찰반을 파견해서 확인한다. 걸프 전쟁이나 이라크 전쟁에서는 장애물이 적은 사막 등 시야가 탁 트인 지형이어서 교전 거리는 2,000~4,000m였다. 그러나 3세대 전차의 대부분이 상정하는 유럽 평원의 경우에는 시야를 가리는 장애물이 많으므로 교전 거리를 1,000m 정도로 본다. 숨을 수 있는 장소가 많은 숲이나 시가지는 수색 · 소탕에 시간이 걸려서 진군 속도를 늦추므로, 작전 목표가 아니라면 우회하는 것이 좋다.

다만, 진격할 때 정비 · 보급 능력에는 한계가 있다. M1A1의 경우, 하루 출격하면 25맨아워(manhour: 25명이 각각 1시간 작업하는 양)의 정비가 필요하다. 연비 면에서도 부정지 주행할 때는 9시간 활동할 수 있고, 연비가 좋은 노상 주행에서도 11.3시간 활동하는 것이 한계다. 따라서 정비와 보급을 충분히 받으면서 하루의 출격으로 진출할 수 있는 거리는 약 160km가 된다.

## 소대 진군의 예

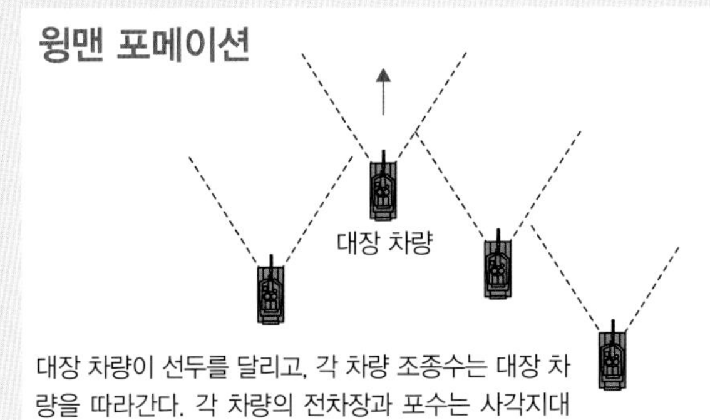


대장 차량이 선두를 달리고, 각 차량 조종수는 대장 차량을 따라간다. 각 차량의 전차장과 포수는 사각지대가 생기지 않도록 각 차량에 할당된 범위를 경계한다.

소대장은 목적지까지의 경로를 고려해서 대장 차량의 조종수에게 구두 혹은 디지털 기재로 방향을 지시한다. 조종수는 최적의 경로를 따라 목적지로 전차를 조종한다.

## 소대 운용의 예

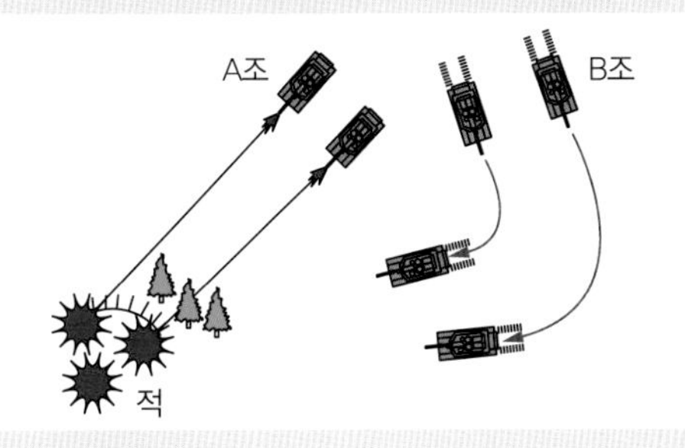


A조가 적을 공격해서 제압하는 동안, B조가 옆면으로 우회해서 격파한다.

## 중대 운용의 예

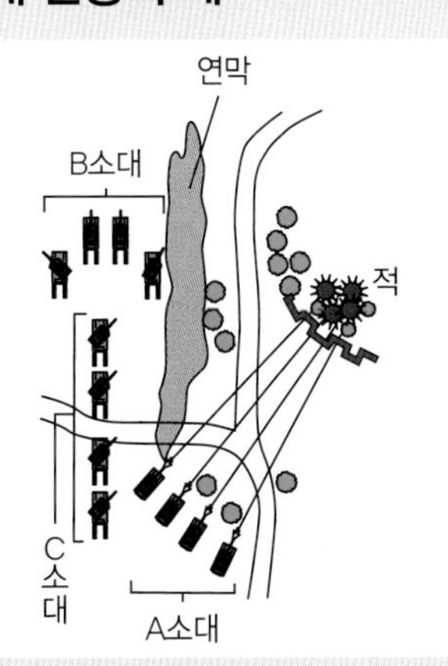


적 : 매복하던 적
A소대 : 전투하는 소대
B소대 : 종렬에서 재정비한 선두 소대
C소대 : 후속하는 종렬

A소대가 적과 교전하는 동안, B소대는 측면으로 돌아 협공하며, C소대는 계속 전진한다.

# 전차를 운용하는 장소 ❷
## – 진지 · 방어전

앞서 설명했듯이 전차의 요소 중 하나는 기동력이다. 하지만 상황에 따라서는 다른 병과와 협력해서 진지를 구축하고, 토치카처럼 사용할 수도 있다. 특히 소련은 너비 5km, 길이 4km에 달하는 대전차 진지 파크프런트(PAK front)를 구축하기도 했다. 1991년의 걸프 전쟁에서는 이라크군이 소련제 T−72, T−55 전차를 전차용 참호에 넣고 대전차 미사일 등을 조합한 파크프런트를 구축해서 미군의 공세에 맞섰다.

이 중에서 자주 사용되는 것은 전차용 참호에 차체를 넣고 포탑 등을 지상에 노출시키는 헐 다운(hull down)이라는 수법이다.

피탄될 확률이 높은 전차의 전면은 두꺼운 장갑을 장착하는데, 그래도 포탑 아래의 차체 전면 부분은 포탑 전면에 비해 장갑이 얇으므로 지면에 숨기는 것이다. 차량 높이가 낮아져서 피탄될 확률이 줄어들고, 지면이 평탄해지므로 사격 정밀도도 향상된다.

방어 진지의 경우에는 경사진 구멍을 뚫은 후 주변에 흙주머니를 쌓아 올리고, 구멍 안쪽에는 흙이 무너지지 않도록 목재로 받친다. 그리고 상공에서의 감시를 속이기 위한 위장 그물을 참호 위에 설치한다. 차체 전체를 덮는 것이 아니기 때문에 적을 보면 역습할 수 있고, 적의 진격 속도를 늦추는 지체방어를 노리면서 다른 장소에 제2, 제3의 참호를 조성한다.

진격 중에도 정비 · 보급이 지원되지 않을 때는 동행하는 공병이 지면을 파서 간이 참호를 만들고, 방어태세로 전환할 수도 있다.

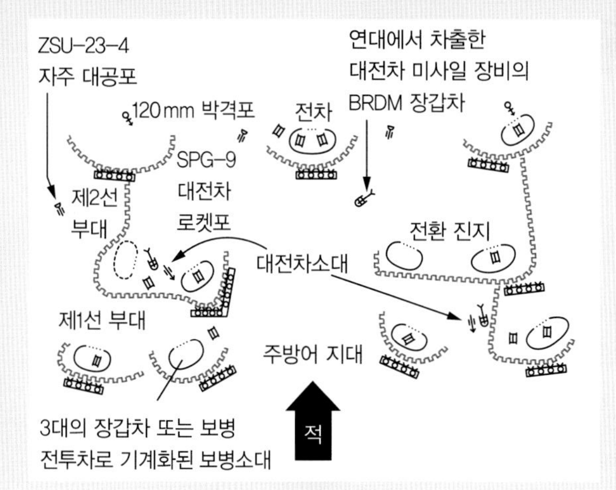


소련군의 파크프런트. 적 전차를 주방어 지대(너비 1,000~2,000m)로 유인하고 십자포화를 퍼붓는다.

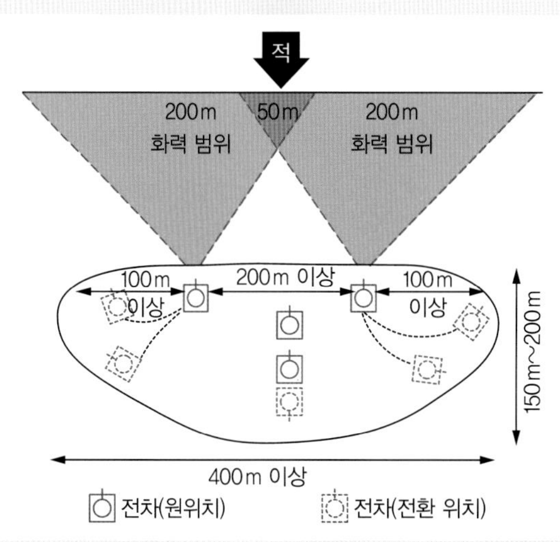


전차소대의 방어 화점. 진지 내에 1대의 전차용 참호를 여러 개 파고, 적절하게 진지를 전환하며 적의 공격으로부터 자신을 보호한다.

전차용 참호에 들어간 T-72. 노출 면적을 줄이고 위장 그물을 설치했다.

(사진 제공 : 미국 국방부)

# 전차를 운용하는 장소 3 – 숲과 시가지

시야와 사격 범위가 좁고 기동력을 제한당하는 숲이나 시가지는 전차에 불리한 장소다. 나무와 건물은 저격수가 매복하는 데 최적의 장소일 뿐만 아니라 발포할 때 나는 연기를 숨길 수도 있다. 철근 콘크리트 빌딩은 그 자체만으로도 사방을 방어할 수 있는 토치카의 역할을 한다. 또한, 발포 소리가 건물에 닿아 메아리쳐서 사수가 숨어 있는 장소를 알 수 없게 만든다.

이런 지형에서 치르는 전투는 보병이 주로 수색 · 소탕하고, 전차는 강력한 적의 반격에 맞닥뜨렸을 때나 건물을 파괴할 때 화력을 사용하는 이동 토치카로서의 역할을 담당한다. 주로 기관총을 사용하는데, 보병의 소통보다 구경이 크고 사격 정밀도가 높기 때문에 보병 지원 화력으로 사용하기도 한다.

전차는 전차장이 해치를 통해 외부로 몸을 내밀어서, 차내에서는 얻을 수 없는 청각 · 시각 정보를 포착하면서 행동하는 것이 기본이다. 그러나 일방적인 저격 목표가 될 수 있다는 위험이 있다.

흔히 삼림지대에서는 전차가 행동할 수 없다고 생각하지만, 전차는 지름 30cm의 나무를 쓰러뜨리며 전진할 수 있다. 진군 속도는 떨어지지만, 전혀 진군하지 못하는 것은 아니다. 실제로 제2차 세계대전 때는 독일군이 아르덴느 삼림지대를 통해 프랑스로 침공했으며, 베트남 전쟁 때는 '무거운 전차는 열대우림의 진흙탕에서 움직이지 못할 것'이라는 예상을 깨고 높은 주파성을 발휘했다. 이러한 경우 장갑차가 유용할 것으로 보이나, 적에 대한 심리적 압박, 우수한 센서, 뛰어난 방어력을 보병의 방패로 사용함이 더 유리하다.

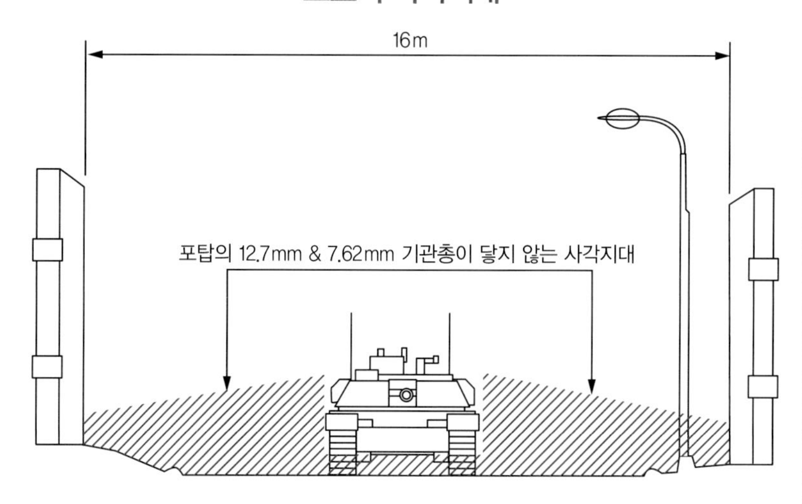


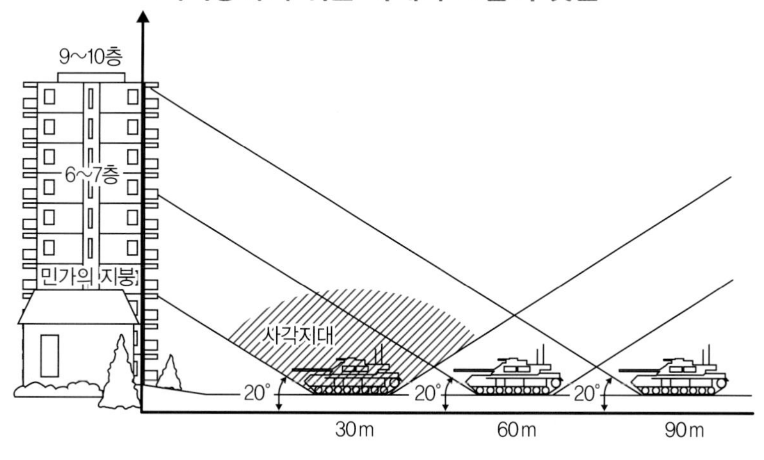


시가전에서는 전차의 약점인 차체와 포탑 윗면이 쉽게 저격당하며, 반격하기도 쉽지 않다.
(사진 제공 : 미국 국방부)

## 참고문헌 · 자료

『ABRAMS A History of the American Main Battle Tank Vol.2』, R.P. Hunnicutt (PRESIDO, 1990년)

『M1 ABRAMS AT WAR』, Michael Green, Greg Stewart(ZENITH PRESS, 2005년)

『ABRAMS COMPANY』, Hans Halberstadt, Erik Halberstadt(Crowood Press, 1999년)

『M1A1/M1A2 SEP ABRAMS TUSK』, Carl Schulze(Tankograd Publishing, 2008년)

※ 이 외에 미국 육군이 발행한 각종 야전교범과 기술교범, 미국 국방부, 미국 의회 예산국, 미국 회계 검사원, 육군 훈련 교육 군단, 세계보건기구가 발행한 보고서, Army Technology.com, Global Security.org, Jane's Defence Weekly의 기사 등을 참고했다.

지상전투의 최강자 **M1** Abrams

지은이 | 부스지마 도야
옮긴이 | 권재상
펴낸이 | 조승식
펴낸곳 | (주)도서출판 북스힐

등록 | 제22-457호
주소 | 142-877 서울 강북구 한천로 153길 17
(수유2동 240-225)
홈페이지 | www.bookshill.com
전자우편 | bookswin@unitel.co.kr
전화 | 02-994-0071
팩스 | 02-994-0073

2015년 4월 10일 1판 1쇄 인쇄
2015년 4월 15일 1판 1쇄 발행

값 12,000원
ISBN 978-89-5526-872-0
978-89-5526-729-7(세트)